市政与环境工程系列丛书

城市地下污水处理综合体构建与工艺提标改造研究

主　编　韩　琦　余波平　王宏杰
副主编　金兴良　戴知广　马　航　董文艺

中国建筑工业出版社

图书在版编目（CIP）数据

城市地下污水处理综合体构建与工艺提标改造研究/
韩琦，余波平，王宏杰主编；金兴良等副主编. —北京：
中国建筑工业出版社，2021.10
（市政与环境工程系列丛书）
ISBN 978-7-112-26465-0

Ⅰ.①城…　Ⅱ.①韩…②余…③王…④金…　Ⅲ.
①城市污水处理-技术-研究　Ⅳ.①X703

中国版本图书馆 CIP 数据核字（2021）第 167739 号

责任编辑：张　健　张　瑞
责任校对：张惠雯

市政与环境工程系列丛书

城市地下污水处理综合体构建与工艺提标改造研究

主　编　韩　琦　余波平　王宏杰
副主编　金兴良　戴知广　马　航　董文艺

*

中国建筑工业出版社出版、发行（北京海淀三里河路 9 号）
各地新华书店、建筑书店经销
北京科地亚盟排版公司制版
北京建筑工业印刷厂印刷

*

开本：787 毫米×1092 毫米　1/16　印张：8¾　字数：218 千字
2021 年 10 月第一版　　2021 年 10 月第一次印刷
定价：**40.00** 元
ISBN 978-7-112-26465-0
（38012）

编 委 会

主　编　韩　琦　余波平　王宏杰

副主编　金兴良　戴知广　马　航　董文艺

参　编　牛　新　赵子龙　刘　杰　刘　洋　袁新新　吴燕国

前　言

地下空间是城市发展的战略性空间，是一种新型的国土资源。为了促进城市的可持续发展，解决城市土地资源紧缺、缓解城市交通拥堵、改善环境质量、扩展城市空间，我国越来越重视城市地下空间的开发利用。近十年来，城市地下交通（如城市地下轨道交通、城市地下道路、地下停车场等）、城市地下综合体、综合管廊及城市地下市政设施"遍地开花"，我国已然成为地下空间开发利用大国。

与传统地面污水处理厂相比，地下污水处理厂具有节约土地面积、减小噪声臭气污染、受外界环境影响小、与周边环境和谐、提升周边土地价值等优势，随着我国经济水平的不断提高、城镇化建设的高速发展和土地价值的节节提升，地下污水处理厂的优势也日益凸显，必将成为城市污水处理厂发展的主要形式。本书提出的城市地下污水处理综合体通过开发利用城市地下空间，实现地下式污水处理厂与多种功能的复合，既可以集约建设用地，增加城市公共空间，又利于保护生态环境，提高人们的生活品质，从而有效减弱地下污水处理厂施工难度大、投资成本高等劣势引发的工程问题。

本书在文献归纳和案例分析的基础上，梳理了地下式污水处理厂的发展历史、建设情况以及城市地下污水处理综合体的发展现状、未来趋势，归纳总结出城市地下污水处理综合体研究的必要性与可行性。在此基础上，确定影响城市地下污水处理综合体空间模式的因素。其次，通过半结构型访谈法对建筑设计和环境工程领域的专家进行访谈，结合访谈结果，确定城市地下污水处理综合体空间模式的三种构成要素，并明确每种构成要素的组成和基本特征。然后根据功能类型构建三种城市地下污水处理综合体的空间模式，并分析每种空间模式的特点。最后通过分析相关法规政策、实践案例和访谈地下式污水处理厂的工作人员，提出城市地下污水处理综合体设计应遵循的原则，并分析其在周边衔接、功能构成、空间组织、地面设施方面的设计策略，为城市污水处理设施空间环境的营造提供借鉴。

另外，笔者对基于多级 AO 工艺的污水处理工艺进行提标改造研究，结果表明，建立的 $Fe^{2+}/S_2O_8^{2-}$ 体系和增设的深床滤池深度处理工艺可同步去除有机物和氮磷。当 Fe^{2+}/P 比为 4，$S_2O_8^{2-}/Fe^{2+}$ 比为 2.5，出水 TP 和 TOC 可分别稳定低于 0.3mg/L 和 6 mg/L；反硝化深床滤池最优的碳源为甲醇，最佳的 C/N 比为 3.0～4.0，EBCT 为 0.25 h，反冲洗周期为 16h。小试和中试试验研究表明，多级 AO 组合工艺出水 COD、TN 和 TP 浓度分别稳定低于 30mg/L、10mg/L 和 0.3 mg/L，满足排放要求。

综上所述，本书构建了三种城市地下污水处理综合体的空间模式，并根据空间模式的不同构成要素制定相应的设计策略，对综合体内的污水处理工艺进行提标改造研究，对城市中相关工程的提升与建设具有一定的参考价值。

感谢深圳市环境科学研究院、哈尔滨工业大学（深圳）的相关编写人员为本书的出版做出了很大的贡献；感谢出版社编辑同志的大力支持；感谢项目调研及访谈过程中相关专家学者和环保工作人员的大力协助；同时，本书编写过程中参阅和引用了国内外大量相关文献和专著，在此一并表示最诚挚的感谢。

由于编者水平和经验有限，疏漏和不足之处在所难免，敬请同行和专家批评指正。

编著者

2021 年 3 月

目　　录

第1章 城市地下空间开发利用

1.1 地下空间相关概念

1.1.1 城市地下空间

钱七虎等认为，地下空间是对地球表面以下的土层或岩层中天然形成的或经人工开发而成的空间的统称。地下空间涵盖的范围比较广泛，地下商业空间、地下交通枢纽、矿井、地下市政场站等均属于地下空间。

依据《城市地下空间利用基本术语标准》（JGJ/T 335—2014），城市地下空间定义为城市规划区内位于地表以下的自然形成或人工开发的空间。该标准从空间范围和竖向维度两个方面强调城市地下空间的定义：一是必须位于城市规划范围以内，二是必须位于地表以下。

1.1.2 城市地下综合体

早期对城市地下综合体概念的定义更加注重综合体的功能布局和空间形态，认为城市地下综合体可以实现多种功能空间的综合建设，并且可以在综合体内部形成良好的互动机制。后来的学者考虑到城市与综合体之间的关系，认为城市地下综合体应促进地上、地下空间的协调发展。综合而言，城市地下综合体主要是指将综合效益高且能体现城市地下空间利用的集约化和高效化的商业、城市交通及其他公共服务等若干功能进行有机结合，形成的具有大型综合功能的地下空间设施，其集交通、商业、娱乐、会展、文体、办公、市政、仓储、人防等功能于一体。城市地下综合体具有高密度、高集约性、业态多样性、复合性的特点，能适应城市多样化生活，并能进行自我更新与调整。

1.1.3 城市地下交通

城市交通是指城市（包括市区和郊区）道路（地面、地下、高架、水道、索道等）系统间的公众出行和客货输送。城市地下交通指地下交通系统，主要形式包括城市地下轨道交通、城市地下道路、地下停车场等，对缓解地面交通拥堵、提高城市效率、提升城市现代化水平发挥着巨大作用。

1.1.4 城市地下综合管廊

综合管廊，又称地下城市管道综合走廊，即在城市地下建造一个隧道空间，将电力、通信、燃气、供热、给水排水等各种工程管线集于一体，设有专门的检修口、吊装口和监测系统，实施统一规划、统一设计、统一建设和管理，是保障城市运行的重要基础设施和"生命线"。

1.2 地下空间开发利用的意义

地下空间的开发利用是解决土地资源紧张、缓解交通拥堵、提高环境质量和拓展城市空间的最有效途径之一，也是人类社会和经济实现可持续发展、建设资源节约型和环境友好型社会的重要途径。地下空间开发利用是生态文明建设的重要组成部分，是人类社会和城市发展的趋势。

1.2.1 解决土地资源紧张

城市人口爆炸和资源紧缺的问题一直困扰着人们。近年来，城市经济的持续增长和城市边界的不断扩张使得城市、人、环境三者之间的矛盾更加凸显，也对城市中的各项资源提出了更高的要求。2019 年末，我国的城镇总人口数量占全国总人口数量的 60.60%，比 2015 年增长了 4.5%。2030 年，我国城镇化率将增长至 67%。人口数量的不断增加给城市交通系统的正常运行带来了极大的挑战，也导致了环境污染严重、资源短缺等问题，使城市的发展面临严峻的挑战。

城市中人口密度大、土地资源不足的情况使得人地矛盾日渐凸显，导致城市空间资源出现相对紧缺的情况。为了保证城市的持续发展，人们将目光投向了地下空间。城市地下空间的开发利用最大化利用土地和空间资源，将原本建在地上的停车场、购物中心、娱乐场所等设施转移到地下，既节省了土地资源，缓解了人地矛盾，同时保持高标准建筑体，建设可持续发展城市。

1.2.2 缓解城市交通拥堵

经济的发展带动了人民生活水平的提高，汽车需求量也日益增加，由于道路及停车场的建设受地面土地资源的限制跟不上汽车的需求，城市交通拥堵现象凸显。城市地下空间的开发利用带来了地下停车场、地铁等轨道交通的发展，将地上与地下结合建设成立体交通综合体，大大缓解了城市交通拥堵。

1.2.3 改善环境质量

地下空间的开发利用，在最大限度利用地下资源、缓解交通拥堵的同时，减少了汽车尾气排放，降低了空气污染程度，同时，将原本的建筑用地用来建设公园，增加绿化面积，大大改善环境质量，提高人民生活品质，使城市更加宜居。

1.2.4 扩展城市空间

立体化是城市集聚效应的外在表现。地下空间利用是城市立体化发展的必然结果，是城市可持续发展的重要途径。地下空间具有良好的隐蔽性和封闭性，有助于土地多重利用的空间复合开发，拓展城市空间。

1.3 国外地下空间开发利用现状

1.3.1 国外地下空间开发利用简介及特点

21 世纪是人类开发利用地下空间的世纪。1991 年，当摩天大厦的高度还在不断刷新城市天际线时，《东京宣言》对城市现代化建设将充分向地下发展延伸做出了未来畅想。2019 年 10 月"世界城市日"，国际地下空间联合研究中心（ACUUS）、联合国人居署等共同主办的"全球城市地下空间开发利用峰会"发布了《上海宣言》，明确了人类未来将如何开发利用地下空间。

在城市发展的进程中，国外较早地意识到地下空间资源的重要意义，对地下空间开发利用的形式也从早期的地下室发展成为地下综合体，并随着规模的不断扩大演变成地下城市。

国外城市地下空间开发距今已有 100 余年历史。1832 年，巴黎开创性地将供水、燃气和通信等管线布置在以排水为主的廊道内，形成了共同沟的雏形；1863 年，伦敦地铁开通，正式打开了现代城市地下空间开发的进程；1870～1960 年，纽约、巴黎、柏林、马德里、东京、莫斯科、多伦多等先后建成了当地第一条地铁线路。国外地下空间的开发利用以地铁修建为龙头，对城市中心区进行了立体化再开发，基本形成了地上、地面和地下协调发展的城市空间，从根本上改善城市交通服务，促进地下和地上立体空间整体商业的繁荣。多年的发展，使得英国、法国、俄罗斯、日本、美国等国家的城市地下空间开发利用已具有相当大的规模，基本代表了当今世界城市地下空间发展的最高水平。

从国外许多国家的先例和经验看，国外地下空间开发利用具有以下特点：

（1）以城市轨道交通地铁为核心和主要组成部分。国外地下空间开发利用围绕城市轨道交通地铁建设，通过地铁将各种类别的地下空间有机连接，以形成城市地下空间的全覆盖网络。

（2）商业娱乐设施全面建设。围绕地铁主要地下车站的周圈地下，逐步开发各种地下商业街、地下商场超市、地下休闲步行街等商业娱乐设施，供人们在地下健身锻炼、娱乐活动，成为受众多市民欢迎、汇成地下人潮热点的极佳去处。

（3）地下防空防灾民防工程改建利用。战时，地铁和各类地下空间设施可以方便有效、自然转换为"地下人员掩蔽"（防空洞）、"地下疏散主干道"（人防洞）使用，以及地下救护所等人民防空处所。因此，对旧有的人防工程进行改建利用已成为国外地下空间开发利用持续推进的必要工程任务。

（4）尽可能利用天然资源，节能、环保。国外地下空间开发利用非常注重利用天然资源，如天然日照、自然通风等。尽量将地下空间做成"浅埋""超浅埋"，方便人流出入；利用"下沉式地下广场"尽可能多地吸收阳光，不仅节能环保，更能吸引大量客流进出地下；利用上覆玻璃、塑料棚盖，既能透光，也能遮雨，是国外常见的地下空间开发利用措施。

1.3.2　国外地下空间开发利用相关研究

1.3.2.1　地下空间开发利用的必要性研究

相关研究结果表明，地下空间的开发利用可以有效地解决城市中交通拥堵等亟待解决的问题，还可以起到躲避自然灾害和保护文化古迹的作用。随着人们对城市宜居性的关注越来越多，有学者指出，充分利用城市地下空间可以减少城市开发对地面环境和社会的影响。城市的弹性在城市发展进程中起到重要作用，现代城市地下空间的开发利用可以提高城市在基础设施和环境领域方面的弹性。相关专家通过分析蒙特利尔地下系统的实际运行情况，提出地下系统具有可观的经济效益，可以推进城区的经济发展。

1.3.2.2　地下空间规划设计研究

西方发达国家的法律法规较完善，并根据不同的使用需求对城市地下空间进行了各具特色的开发。加拿大为了应对寒冷的气候规划了完善的地下交通系统，蒙特利尔的地下城是世界上最早的地下室内步行网络之一。赫尔辛基自 20 世纪 80 年代起，就为整个市政区域制定了专门的地下总体规划，不仅为公共和私人设施预留了地下空间，还为城市地下空间的建设工作提供了管理办法，提高了地下空间的整体安全性和经济效益。日本也建立了完善的法律体系以确保地下空间的顺利开发利用，并在地下公共空间的照明、景观设计等方面拥有较高的水准。德国、英国、法国等国家也为了应对城市发展过程中遇到的问题进行了高效利用城市地下空间的探索。国外专家认为，在城市地下空间的规划设计中引入系统思考的方法，可以更好地了解城市地下空间的价值，并实现地下空间的有效和公平分配。但是，开发利用地下空间本身并不是可持续的，重视地上—地下空间的一体化设计，将自上而下和自下而上的开发方式相结合才能持续利用地下空间，实现城市的宜居性。

1.3.2.3　地下空间人性化设计研究

国外相关研究认为，地下空间的设计是一个需要多学科配合的研究领域，除了需要综合考虑城市规划、社会、安全等因素外，心理学因素可能更为重要。由于地下空间与室外环境接触的面积较小，人们对地下空间往往有阴暗、潮湿、压抑等负面印象，阻碍了地下空间的进一步发展。与地下空间相比，人们在地上空间更容易感到愉悦是因为在地上空间可以和自然进行"光合作用"，在自然的环境中，人们的生理和心理感受会更好。地下空间也应该为人们提供交流、购物、学习等活动的场所，因此，在地下空间的建设中，空间的吸引力和人性化设计也应当受到重视。通过构建结构方程模型研究人们对地下空间的感知，发现地下空间的安全性、舒适性和形式都与人们使用地下空间的意愿密切相关。

1.3.3　国外地下空间开发利用典型案例

1.3.3.1　最早建设的隧道——伦敦泰晤士河隧道

伦敦泰晤士河隧道是 1825 年至 1843 年间建成的第一条采用盾构技术挖掘的隧道，如

图 1-1　伦敦泰晤士河隧道

图 1-1 所示，这条双入口 381m 长的隧道被认为是一项杰出的工程。作为世界奇迹，泰晤士河隧道吸引了众多游客，一战和二战期间曾作为市民较好的避难场所。

1.3.3.2　世界首座城市综合体——法国巴黎拉德芳斯

拉德芳斯的规划始创于 20 世纪 50 年代 800 公顷的地面上，如图 1-2 所示，至今已形成巴黎近郊最具现代化的都会景观，是世界第一个诞生的城市综合体。拉德芳斯是欧洲最大的公交换乘中心，RER、高速地铁、轨道交通、高速公路等都在此交汇。其四周是一条高高架起的环行高速路，裙楼中间是一个巨大的广

场，上面有花坛、小品、雕塑等，但没有任何车辆行驶，因为该广场建在空中，下面是公路、停车场和公共汽车站。

1.3.3.3 日本轨道交通枢纽——涩谷枢纽和新宿枢纽

东京涩谷枢纽（Shibuya Hub）用地面积 9640m²，建筑面积约 14.4 万 m²，地上 34 层、地下 4 层，高约 182.5m，是集办公、商铺、饮食店、剧场、展厅、停车场、酒店、信息转播平台、学院等文化设施于一体的超高层综合体，其空间剖面图如图 1-3 所示。

图 1-2 法国巴黎拉德芳斯

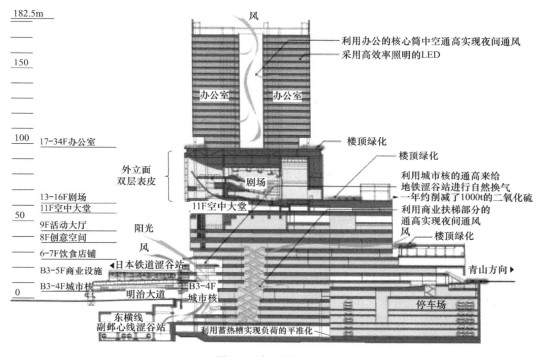

图 1-3 东京涩谷枢纽

新宿可以算是日本最大的枢纽站了，它是有十多条交通线路的车站地下空间开发利用的典例。每天乘客多达 300 万～400 万人次，是与地上商业设施结为一体的巨大迷宫，是日本使用人次最高的枢纽。

1.3.3.4 加拿大多伦多 PATH 地下生态步行道系统

PATH 是位于多伦多中心区的大型地下空间，拥有世界最大的地下商业综合体，商业设施服务整个多伦多，四通八达，是多伦多中心区的地下疏散通廊。营业面积达 37.16 万 m²，长达 27km 的购物通道连接市中心 1200 多家地下商店，还与 50 个地面建筑物、5 个地铁站出入口、联合火车站起始站无缝接驳，共有 20 个停车场。

1.3.3.5 美国波士顿中央大道地下空间改建

20世纪70年代，波士顿高架中央大道的问题暴露出来，政府开始着手于一个名为"大开挖（The Big Dig）"的计划——隧道改建工程（Central Artery/Tunnel Project，简称 CA/T 工程），即在原有的道路下开辟出新的城市交通，其改建前后如图1-4所示。工程 1991 年开始、2004年完成，是 20 世纪美国最复杂、最宏大和最具技术挑战的高速路工程。一方面在 6 车道高架路的地下修建 8～10 车道的高速路，地下高速路开通

图1-4 美国波士顿中央大道改建前后

后，将地上高架路拆除，修复地面使其成为适度开发的城市空间；另一方面扩建 I-90 高速路，使其通过地下隧道穿过南波士顿和波士顿港，与机场贯通。

1.4 我国地下空间开发利用现状

1.4.1 我国已成为地下空间开发利用大国

2020 年 12 月 26 日，由中国工程院战略咨询中心、中国城市规划学会主办的"国土空间规划契机下地下空间的机遇与挑战"学术研讨会暨《2020 中国城市地下空间发展蓝皮书》发布会在北京举办。国家最高科学技术奖获得者、中国工程院院士钱七虎致辞并做报告。钱七虎表示，2016～2019 年以城市轨道交通、综合管廊、地下停车主导的中国城市地下空间开发每年以 1.5 万亿人民币的规模增长。据保守估计，"十三五"期间，全国地下空间开发直接投资总规模约 8 万亿人民币，为推动中国经济有效增长、推进供给侧结构性改革提供重要的产业支撑，中国已然成为领军世界的地下空间大国。

自工业革命以来，资源和财富在空间上的高度集聚，推动了世界各国的城镇化进程。城市地下空间的开发利用正是在此背景下，历经 300 余年，从浅层利用到大规模开发，从解决城市问题到提升城市竞争力，空间资源的集约复合利用已经被视作支撑城市现代化持续发展的标准范式。21 世纪以来，中国快速的城镇化进程也仍遵循着这一地下空间的轨迹，不同的是，在地下空间开发的时间维度上，呈现独具"中国特色"的发展速度。目前，全国不少一线二线城市地下空间开发利用已经超过百万平方米，北京 9600 万 m^2，上海 9400 万 m^2，深圳 5200 万 m^2。随着利用的速度越来越快，面积越来越大，地下空间还可以更深层化、综合化、智能化的发展利用，比如将城市交通、停车、污水处理、商场、餐饮、休闲娱乐等转入地下，实现多重集约用地。

1.4.2 我国地下空间开发利用阶段简介

与国际相比，我国是地下空间开发利用需求与规模最大的国家，处于地下空间开发利

用迅速发展阶段。我国地下空间开发利用整体历经了初始化阶段、规模化阶段、网络化阶段。我国地下空间开发利用的远景目标是进入开发深度更深、各类地下设施高效融合的生态化阶段，构建功能齐全、生态良好的立体化城市。城市地下空间利用的形式主要包括城市地下交通、城市地下综合体、综合管廊及城市地下市政设施。

1. 初始化阶段（20 世纪 90 年代以前）

此时地下空间开发利用主要是民防单建工程、平战结合的地下停车场和地下商业街等，以单体建设为主，功能比较单一、规模也较小，因此是散点分布模式，平均开发深度在 10m 以内。

2. 规模化阶段（1990~2010 年）

此时地下空间开发利用主要是以轨道交通为主，并沿轨道交通呈线状开发、据点扩展，平均开发深度在 10~30m，代表城市为北京、天津、上海、广州、深圳等大中型城市。

3. 网络化阶段（2010 年至今）

此时地下空间开发利用主要是轨道交通节点、综合管廊、地下综合体和深隧工程等。以地铁系统为网络，综合商业、交通和综合管廊等地下设施；管线全部入廊，统一管理。该模式在我国近年来正高速发展，平均开发深度在 50m 以内，代表城市如上海、北京、西安等。

4. 生态化阶段（2050 年以后）

我国地下空间开发利用的远景目标就是生态化阶段，此时各类地下设施融合，是一种功能齐全、生态良好的生态系统，建设成为一个立体城市，地下空间开发深度可能在 50~200m。

1.4.3　我国地下空间开发利用相关研究

1.4.3.1　地下空间开发利用的必要性研究

针对城市发展过程中遇到的问题，钱七虎于 1997 年提出了开发利用我国地下空间资源的建议，后来中国工程院进行了名为《21 世纪中国城市地下空间开发利用战略及对策》的咨询项目，该项目指出，开发利用城市地下空间既可以缓解城市土地紧缺、交通拥堵的情况，又可以改善环境质量、兼顾战备需求。童林旭认为，通过利用地下空间承载部分城市功能可以推动城市的集约化发展。国家《城市地下空间开发利用"十三五"规划》中更是将合理利用城市地下空间作为推动城市"向内涵提升式转变"的重要措施。地下空间的开发将推动城市的可持续发展，提高城市的复原力。因此，在城市人地矛盾日渐凸显的今天，利用地下空间建设相关工程，从而承载更多的城市空间的做法意义重大，也是促进城市进一步发展的必要措施。

1.4.3.2　地下空间规划设计研究

目前，我国地下空间开发包括交通、停车、商业和市政四种功能，随着经济的发展，基础设施功能在城市地下空间开发中所占比例逐渐增加。国内相关学者结合实践案例对城市地下空间的开发进行研究，提出了自然地质条件、现有设施和保护需求、社会经济因素都会影响地下空间资源的属性，为了保证城市的可持续发展，需要从整体上对地下空间的开发利用进行"自下而上"的规划。在我国现阶段地下空间的开发利用中，相关的法律法规、政策标准仍不完善，空间开发缺乏统一规划和综合管理，安全与技术问题尚未彻底解决，投资收益模式也有待进一步研究。未来，我国的地下空间将由单一属性向空间、能源、资源和生态综合化的属性转变，地下空间的开发也将更加重视人的生理和心理感受，强调与城市及自然的关系，并向综合化、生态化、人文化、智慧化、立体网络化发展，并根据社会需求和地质条件对不同地区的地下空间进行差异化开发。

1.4.3.3 地下空间人性化设计研究

随着地下空间开发进程的推进，地下空间环境对人们心理和生理的影响引起了相关学者的注意，有关人性化设计的研究也更加深入。与地面空间相比，地下空间较为封闭，空气流动较差、自然光线弱，容易给人潮湿、压抑等负面印象。为了消除人们对地下空间的消极态度，除了要保证地下空间物理环境的安全性，也应当重视地下空间对使用者心理和生理的影响。可通过结合城市意象理论，从区域、路径、节点、边界、标志五个方面提出设计对策，以提高人们在地下空间的方位识别效率，改善地下空间的使用品质。一些学者通过深入访谈、调查问卷和统计分析的方法了解地下空间环境对使用者心理的影响，提出地下空间的设计应当从使用者的角度出发，关注使用者的偏好，根据不同气候调整地下空间的通风策略、提高物理舒适性、增加自然元素。例如，通过建立指标体系和综合评价模型对重庆市几个典型地下商业空间的品质进行评价，并从空间整体布局和人的生理与心理特征两个方面提出地下空间人性化设计的方法。

1.4.3.4 地上地下一体化设计研究

近年来，地下空间环境的提升和地上地下空间的整合引起了专家学者的关注，认为在城市可持续发展的背景下，地上地下一体化设计对城市空间系统的优化具有重要意义。同时，部分学者提出，光线和景色的引入可以有效消除人们对于地下空间的心理障碍，但这些都要依赖于城市要素的立体整合，只有综合分析人的行为特征以及地下公共空间与城市的关系，才可以有效促进城市地上与地下空间的有机整合。

1.4.3.5 城市地下综合体研究

城市地下综合体可以有效促进城市的立体化、生态化建设，具有高密度、高集约性、业态多样性、复合性的显著特征。我国早期关于地下综合体的研究主要集中在功能布局、交通组织、安全性能等方面。近年来，我国地下空间的发展呈现出规模大、发展迅速、地铁工程施工快等特征，地下市政交通设施、雨水储存系统、地下综合体等地下工程都得到了迅速发展。随着地下综合体建设的不断推进，优秀实践案例越来越多，研究内容也更加全面。相关学者分别对武汉光谷广场地下交通综合体、西安赛格国际购物中心进行分析，归纳总结城市地下综合体在功能组织、竖向设计、公共空间等方面的设计策略。另外，从地下综合管廊的建设出发，可提出将地面交通系统、海绵城市系统与地下城市综合管廊系统、地下交通系统、人防系统结合，构建地下市政综合体。

1.4.4 我国地下空间开发利用典型案例

我国地下空间开发利用典型案例包括城市地下交通（如城市地下轨道交通、城市地下道路、地下停车场等）、城市地下综合体、综合管廊及城市地下市政设施。

1.4.4.1 城市地下交通

城市地下交通主要形式包括城市地下轨道交通、城市地下道路、地下停车场等，其主要作用是使城市的交通系统立体化，为城市拥堵问题提供了理想的解决方案，同时大大扩展了城市的发展空间，为城市的发展注入了新的活力。

1. 城市地下转道交通

城市地下转道交通是城市地下空间开发利用的最大引擎，当前中国城市地下轨道交通的发展已全方位领跑全球。截至 2020 年，全国轨道交通运营里数超过 100km 的城市达到 21 个，排名前十的城市有上海（705km）、北京（689km）、广州（494km）、南京（378km）、武汉（335km）、重庆（328km）、深圳（304km）、成都（303km）、天津（231km）、香港（230km）。

2. 城市地下道路

城市地下道路是解决城市拥堵的重要途径。其主要形式包括城市骨干路网和区域路网的地下通道部分、城市节点地下公交、过江隧道和核心区的地下道路及地下车库联络通道等。近年来，我国主要城市的地下道路规划和建设更加系统化，逐渐形成比较完善的地下交通体系。

3. 地下停车场

地下停车场指建筑在地下用来停放各种大小机动车辆的建筑物，主要由停车间、通道、坡道或机械提升间、出入口、调车场地等组成。由于城市汽车总量不断增加，相应的停车场不足，城市汽车"行车难、停车难"问题成为城市发展的通病。因此，充分利用地下空间建设停车场，对于缓解城市道路拥挤具有重要的作用。地下停车场类型包括地下机械式和坡道式，而地下机械式又分为垂直升降类、车位循环类、巷道堆垛类和升降横移类。

1.4.4.2　城市地下综合体

前面讲到，城市地下综合体集交通、商业、娱乐、会展、文体、办公、市政、仓储、人防等功能于一体，其本身具有的"城市性"和"立体性"决定了城市地下综合体需运用地上地下一体化的规划和设计方法。目前，在建与运营的城市地下综合体种类众多，规模庞大，主要集中在东部沿海城市，其中，上海在建设数量和规模方面领先全国；深圳市近年来在地下空间建设规模上发展迅速，发展出以会展中心、前海、宝安中心等为代表的规模庞大的地下综合体，地下空间总面积超过 6200 万 m^2。

城市地下综合体造就了地下商业街或地铁商业街的快速发展，如北京西单商业街、上海人民广场地下商业街、深圳华强北地铁商业街、深圳连城新天地地铁商业街等。城市地下综合体的商业区主要依托早期人防工程或配套于地面大型商业建筑，而地铁商业街更是以城市轨道交通为纽带蓬勃发展，目前一线城市的开发利用较好，二三线城市尚不理想。

1.4.4.3　综合管廊及城市地下市政设施

综合管廊的建设不仅可以解决城市交通拥堵问题，还极大方便电力、通信、燃气、供水排水等市政设施的维护和检修，同时具有一定的防震减灾作用。因此，城市地下综合管廊具有"惠民生、稳增长、调结构"三大属性，堪称新型基建的典型。目前，我国有北京、上海、深圳、苏州、沈阳等少数几个城市建有综合管廊，据不完全统计，全国建设里程约 800km。

城市地下市政设施主要包括地下垃圾集运、地下水利工程等市政设施。目前，福州、长春、海口、宁波等城市已建设地下垃圾分类转运站，但尚不能实现地下垃圾集运。地下水利工程主要包括地下水廊、地下水库、地下水网、地下调蓄池等，近年来，北京陆续在 20 余个下凹式立交桥区域修建了 89 个地下蓄水池，总体积超过 20 万 m^3，在解决汛期洪涝灾害中发挥了重要作用。

1.4.4.4 典型案例介绍

1. 上海虹桥综合交通枢纽

上海虹桥综合交通枢纽于 2006 年底主体工程全面开工，2009 年底工程竣工，2010 年世博会前投入使用。如图 1-5 所示，从功能划分上，上海虹桥综合交通枢纽集民用航空、高速铁路、城际铁路、长途客运、地铁、地面公交、出租汽车等多种交通方式于一体，总面积相当于 200 个足球场，是目前世界上最大的综合交通枢纽之一。枢纽核心区内各交通主体（形成综合建筑体-交通中心）的平面布局由东向西依次为：机场航站楼、东交通广场、磁浮站、高铁站、西交通广场；枢纽建筑综合体（站本体）的竖向布局自下向上分 5 层，基坑作业深达地下 30m。

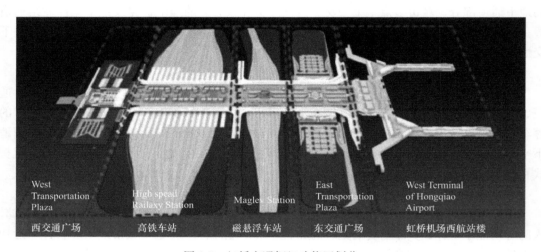

| 西交通广场 | 高铁车站 | 磁悬浮车站 | 东交通广场 | 虹桥机场西航站楼 |

图 1-5　虹桥交通枢纽功能区划分

枢纽在东、西交通广场的南、北方向共设置四处出租车、公交巴士场站及社会停车库，分别服务于高铁、地铁、机场的旅客，位置分别选择在高铁轨道与道路红线的夹心地、磁浮轨道与道路红线的夹心地以及高架桥，其中，东交通广场为主广场。东交通广场自地下一层至地上二层共分为 B1、BM1、F1、F2 四层，B1 层主要服务于高铁站、地铁站进出旅客，车场与车站之间通地下换乘通道连接；BM1 为一夹层，BM1 至 F2 三层主要为社会停车库，如图 1-6 所示，旅客可自 B1 层地下换乘通道、通过自动扶梯或垂直电梯进入停车库换乘，其中，F1 层还设置了公交巴士、出租车换乘场站；西交通广场有别于东交通广场，其主要利用 B1 与 F1 之间设置 BM1、BM2 两层夹层形成四层公交场站。

2. 深圳北站

深圳北站位于深圳市龙华新区民治街道北站社区如图 1-7 所示，占地 240 万 m²，于 2007 年动工建设，2011 年 6 月底投入使用。深圳北站是深圳铁路"四主四辅"客运格局最为核心的车站，集铁路车站、长途汽车客运站、地铁车站、公共汽车场站、出租汽车站、社会车辆停车场等各类交通设施于一体，是深圳当前建设占地面积最大、建筑面积最大、接驳功能最为齐全的特大型综合铁路枢纽。

深圳北站以国铁站房为中心，公共交通优先，分为东、西广场，东广场以公共交通为主导（主广场），西广场以私人小汽车为主（辅广场）。从立体布局上看，如图 1-8 所示，通过 7 层立体布局解决新区大道、5 号线/平南铁路站台站厅、两层综合换乘大厅、4 号线站厅站台和立体公交、出租车场站等多功能转换问题。

图 1-6　枢纽停车库及换乘扶梯

图 1-7　深圳北站外景

3. 深圳市福田综合交通枢纽

深圳市福田综合交通枢纽于 2005 年开工建设，2007 年底投入试运营，是国内大型地下铁路车站，是珠三角重要的城际交通枢纽，是深圳市重要的转道交通换乘中心。如图 1-9 所示，福田枢纽位于福田区深南大道与益田路交汇处，是一个集国家铁路、珠三角城际、城市轨道交通及综合接驳系统于一体的综合交通枢纽，是由广深港客运专线福田站和深圳地铁 1 号线、2 号线、3 号线、4 号线、11 号线、14 号线福田站以及常规交通接驳设施共同构成的交通综合体。

从空间关系上看，如图 1-10 所示，福田枢纽总体上形成了 3 层布局，地下一层换乘大厅、地下二层站厅层（主要为火车站的站厅及地铁 2 号线、11 号线站台）、地下三层站台层（为高铁站站台和地铁 3 号线站台）。为了方便乘客换乘，福田枢纽构筑一体化

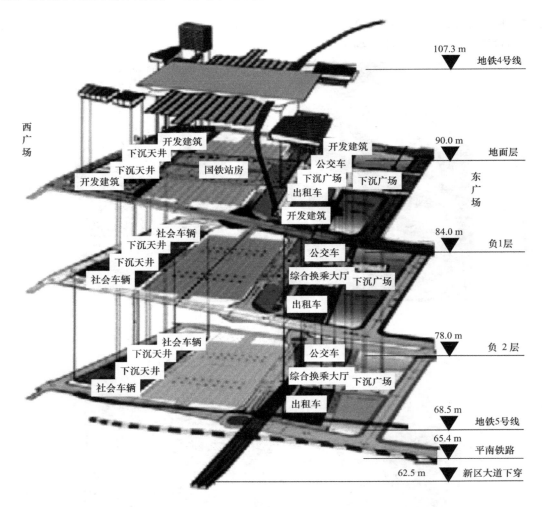

图 1-8　深圳北站枢纽竖向布局图

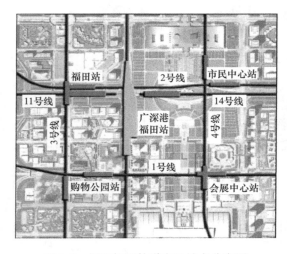

图 1-9　福田枢纽轨道交通站点分布图

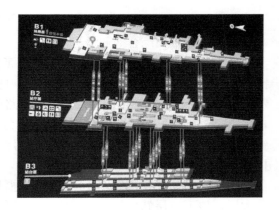

图 1-10　福田枢纽竖向布局图

换乘大厅，如图 1-11 所示，铁路、城市轨道交通与各种接驳方式换乘流线实现管道化组织，互不干扰。地铁与铁路之间通过 2 条长 200～250m 的换乘通道相连接（中区换乘通道和南区换乘通道），换乘通道上设置 6 组自动步道系统，提高乘客换乘效率。枢纽在地下层设置 32 个主要出入口与周边建筑、道路及车站连接，便于附近市民快捷无障碍地进行枢纽。

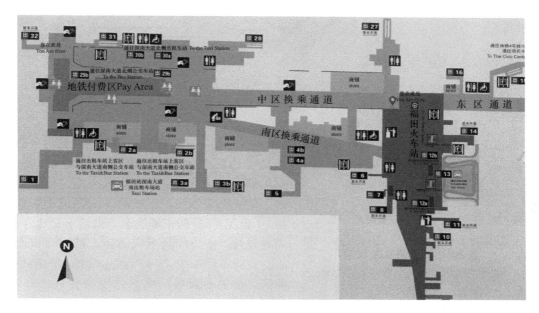

图 1-11　福田枢纽换乘层示意图

4. 武汉光谷广场综合体

武汉光谷广场综合体位于光谷广场下方，是集轨道交通、市政、地下公共间于一体的超大型综合体工程，该工程包括 2 号线南延线、9 号线、11 号线等 3 条地铁线及鲁磨路、珞喻路 2 条市政隧道，形成 51.6 万 m³ 的立体空间，被誉为"亚洲最复杂地下综合体"，其效果图及空间布局图如图 1-12、图 1-13 所示。

图 1-12　光谷广场建成效果图

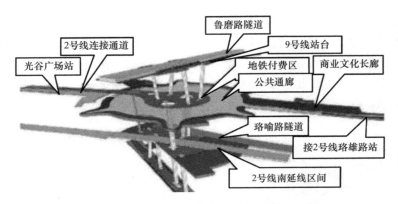

图 1-13　光谷广场空间布局图

5.广州珠江新城地下综合体

珠江新城位于广州市天河区，内有广州地铁 3 号线、5 号线和城市新中轴线地下旅客自动输送系统穿过，周边主要为高级写字楼、星级酒店、社会配套公建，其中有广州"双子塔"等标志性建筑。新城地下空间位于珠江新城 21 世纪 CBD 的主轴线上，由地下交通设施、商业设施、中央广场组成的标志性综合城市设施。空间布局如图 1-14 所示，其地下一层是商业区，是主平面层；地下二层为公共停车库、设备空间以及旅客自动输送系统站厅，该层与周围建筑的地下车库相连；地下三层是旅客自动输送系统站台和旅客自动输送隧道，以及核心区中供冷共同管廊。

图 1-14　广州珠江新城地下综合
体空间布局图

1.5　本章小结

本章介绍了城市地下空间开发利用的背景与意义，梳理了国内外地下空间开发利用现状及典型案例，为后续地下污水处理综合体的构建提供借鉴。

第 2 章 地下污水处理厂及综合体建设现状

2.1 地下污水处理综合体含义的提出

城市地下污水处理综合体的研究尚处于探索阶段，未对其概念形成统一的界定标准。笔者通过参考城市地下空间、地下式污水处理厂、城市地下综合体、生态综合体四个概念，并结合研究对象的特点，提出本书研究的城市地下污水处理综合体的概念。

2.1.1 地下式污水处理厂

地下式污水处理厂是地下式城镇污水处理厂的简称，是本书研究的城市地下污水处理综合体的核心组成部分。《地下式城镇污水处理厂工程技术指南》（T/CAEPI 23—2019）标准编制组通过归纳总结地下式污水处理厂的建设特点，提出利用地下空间布置水处理构筑物是地下式污水处理厂的基本特征，此外，为了减小厂区运行过程中产生的臭味、噪声对环境和人员造成的不良影响，进一步提升厂区的综合效益，其设备操作层应封闭，且对其地面进行整体规划设计。根据标准中的相关定义，将城市地下污水处理厂定义为"水处理构筑物位于地面以下，设备操作层封闭，地面层进行综合利用的城镇污水处理厂，包括全地下、半地下等形式"。结合邱维等学者对全地下式、半地下式污水处理厂的定义，笔者分别绘制示意图，如图 2-1、图 2-2 所示。

图 2-1 全地下式污水处理厂剖面示意图

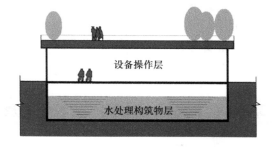

图 2-2 半地下式污水处理厂剖面示意图

2.1.2 生态综合体

在《地下式城镇污水处理厂工程技术指南》（T/CAEPI 23—2019）中，将生态综合体定义为"以地下式污水处理厂为核心，充分利用水资源，将污水处理与景观生态、公共服务等元素有机结合，构筑而成的具有一定综合性功能的市政基础设施"。

2.1.3 城市地下污水处理综合体

笔者基于对城市地下空间、地下式污水处理厂、城市地下综合体、生态综合体四个概念的辨析，提出本书研究的城市地下污水处理综合体是指全部或部分位于城市地下空间，以地下式污水处理厂为核心，与城市公共绿地、地面道路、综合管廊、商业空间、地下机动车库、地下公交首末站、地下生活垃圾转运站中的一个或几个功能空间进行复合，并与周边城市要素紧密相连的综合体，可以实现城市土地资源的集约化和功能的复合化，强调城市、自然与人类的和谐统一。

2.2　地下污水处理综合体是未来发展必然趋势

近些年来我国的经济飞速发展，城市化进程逐步加大。随着我国城镇化的大力发展，污水处理量也越来越大，我国污水处理厂的建设取得了举世瞩目的成绩。目前，我国已建成 5000 多个大型污水处理厂，日处理能力将近 2 亿 m³/d。2020 年底，我国"地级及以上城市建成区基本实现全收集、全处理"。尽管如此，污水处理行业依旧存在诸多难题，例如污水处理厂占地面积大、邻避效应严重、出水标准和水资源利用率低、能耗药耗高、资源回收率低等，上述问题严重影响了污水处理行业的可持续发展。传统地上式污水处理厂占用大量城市用地，限制周边土地的开发和利用，严重影响周边地区的土地价值。在土地资源越来越昂贵的大、中城市，基建成本已经不再是城市污水处理厂建厂考虑的主要因素，节能环保、节约占地逐渐发展为大、中城市新建污水处理厂考虑的首要因素。在这种背景下，地下式或半地下式污水处理厂为现代化污水处理厂的建设提供了一种全新的选择。

地下式污水处理厂具有节约土地、提高土地利用效率、有利于再生水就地回用等特点，但由于地下式污水处理厂的建设成本高，且污水处理厂与城市生活空间的异质性和融合需求的突显，导致地下污水处理综合体成为未来发展的趋势。将污水处理厂与其他功能的市政设施（如上盖公园、轨道交通、停车场、垃圾中转站等）结合，一方面将城市生活空间的氛围融入污水处理厂的环境中，同时通过生态化的景观设计，使其降低对自然环境、生态系统的干扰程度，修补其生态功能和作用，为人类的发展更好地发挥功能和作用。另外，为周边提供一种新型的休闲空间来服务人群，并赋予污水处理厂更具人文性的景观内涵，有效引导市民认识、参与、发扬科普知识，和谐人与水环境、水资源的关系，塑造环境友好型城市新风貌。

2.3　地下式污水处理厂发展历史及现状

2.3.1　发展历史

1932 年，芬兰开始建造地下式污水处理厂，但当时的经济及技术水平有限，相关工程的建设并未得到快速发展；1942 年，瑞典首都斯德哥尔摩根据其多岩石的地质条件，建设了首座岩石地下式污水处理厂。荷兰鹿特丹市综合考虑污水处理的需求和环境保护的重要性，于 1977 年开始规划建设 Dokhaven 地下式污水处理厂，如图 2-3 所示，并于 1987 年 11 月投入运行。该污水处理厂位于一个废弃码头，可仅靠重力实现水的输送，上部覆土后建设成为占地面积 5.0hm² 的绿化园区，在满足生产功能的同时，不仅减少了对周边环境的破坏，也同时增加了当地可用于建设的土地。随着经济技术的发展，芬兰不断完善自身的污水处理系统，于 1986 年开始建设 Viikinmäki 中心污水处理厂，历经 8 年建成，该工程的建设为当地环境品质的提升做出了显著贡献。日本、德国等国家建设的相关工程也对城市的发展起到了良好的促进作用。

随着建造技术逐渐成熟，我国各地陆续开展了对于地下式污水处理厂的研究。1989 年，中国香港开始设计赤柱污水处理厂（图 2-4），由于厂区位于海滨旅游区内，该区域多丘陵，且景色优美，为了减少对周围环境的干扰，该工程建设在开凿的岩洞内，成为亚洲第一座建设于岩洞内的地下式污水处理厂。随后，于 2002 年 11 月建成的内湖地下污水处理厂（图 2-5）是中国台湾省第一座地下式污水处理

图 2-3　Dokhaven 污水处理厂

厂，该厂不仅可以满足日益增长的污水处理需求，改善台北市内湖、大直地区的环境，还可以为公园亲水设施提供回用水。处理厂地面空间除建设污水处理厂的配套办公建筑外，还有一个占地面积约 3.8hm² 的绿化公园，为民众提供休闲运动场所。内地关于地下式污水处理厂工程的建设开始于 2010 年前后，工业化水平的快速提升和各项技术实力的不断进步，都为相关工程的建设提供了坚实的保障。位于北京的天堂河污水处理厂是内地首座将主要污水处理建（构）筑物置入地下空间的实践工程，该厂一期工程总建筑面积为 1.7 万 m²，厂区地面部分建设为城市绿地主题公园。随着地下工程建造技术的日益成熟和我国生态文明建设的不断深化，我国地下式污水处理厂的功能更加完善，结构形式更加丰富，与周边环境的关系也更加和谐。

图 2-4　中国香港赤柱污水处理厂

（图片来源：https：//www.ylcss.edu.hk/
photoAlbums/431)

图 2-5　中国台北市内湖污水处理厂景观公园

（图片来源：https：//foursquare.com/v)

2.3.2　建设现状

2.3.2.1　运行现状

随着市民对于污水处理厂了解的增加，对污水处理厂的态度也逐渐从排斥向接受转变。2010 年投入运行的广州京溪地下净水厂是我国第一座全地下式的膜生物反应器大型市政污水处理厂，如图 2-6 所示，与传统的污水处理厂相比，该厂减少了 4/5 的占地面积，在节约土地资源、开发利用地下空间等方面取得了创新成果。2011 年建成的深圳布

吉水质净化厂上部覆土作为社区公园向周边居民免费开放，进一步提高了地下式污水处理厂的社会效益，在我国全地下式污水处理厂的建设中具有标志性意义。上海南翔下沉式再生水厂地面景观优美，被称为"中国最美地下水厂"；贵阳青山再生水厂在拯救贵阳"母亲河"综合治理工程中发挥了重要作用。

(a)厂区周边现状分析图

(b)厂区效果图

图 2-6　广州京溪地下净水厂

(图片来源：右图由京溪地下净水厂提供)

地下式污水处理厂的能源利用状况一直得到业内人士的关注。通过采用水源热泵技术和自然采光系统可以有效降低地下式污水处理厂运行过程中的能耗。北京通州碧水下沉式再生水厂通过采用水源热泵技术实现热量转移，为厂区和周边建筑的供暖和制冷提供能量，实现能源的循环利用。

2.3.2.2　空间布局

地下式污水处理厂主要利用城市地下空间进行污水处理，包括水处理构筑物层、设备操作层和地面层 3 层，并根据实际建设情况将设备操作层布置在地面或地下 1 层。为了满足消防安全，应利用地面空间布置火灾危险等级为甲级或乙级的建（构）筑物，如柴油发电机房、沼气罐等。为了进一步节约用地，宜根据各功能空间的特点，将生产附属用房和水处理构筑物在竖向维度上叠加，如在生物反应池顶部布置鼓风机房满足及时送风需求，将污泥脱水车间靠近车行道路布置以满足污泥的运输需求等。

地下式污水处理厂需设置满足厂区工作人员日常巡视维护需求和厂外人员参观需求的人行交通流线、满足车辆行驶需求的车行交通流线、满足污泥废渣等运输需求的货运交通流线。交通流线的组织应考虑不同行为的特点和厂区的用地情况，避免不同流线之间的互相干扰。地下厂区的车行出入口不宜少于 2 个，且"道路宽度宜为 4.5～6.0m"，连接厂区地下空间与地面的坡道坡度应小于或等于 0.12，且其净高宜大于或等于 4.0m。

2.3.2.3　处理工艺

为了使处理后的水质达到排放指标，污水处理工艺的选择至关重要。地下式污水处理厂的工艺选择应首先满足安全性、先进性、经济性原则，在保证工艺需求的同时使整体布局更加紧凑。

1. 二级生物工艺

常用的生物脱氮除磷技术包括连续流工艺、间歇式工艺和前两类的组合工艺三种。生物反应池的水深与实践工程的地质条件和曝气设备的性能有关，一般为 7～8m，其中，二次沉淀池一般为矩形，可根据实际建设情况选择单层设置或将其分为两层。目前我国地下式污水处理厂采用较多的是厌氧－缺氧－好氧法（A²O）及其改良工艺和膜生物反应器（MBR）工艺。A²O 工艺具有污泥产量小、运行稳定、操作简便等优点，但其生物膜容易被杂物堵塞，影响处理效率，此外，在保证相同出水水质的情况下，该工艺比 MBR 工艺的流程长，需要占据更多的空间布置相关设备。在污水处理过程中运用 A²O 及其改良工艺技术的工程案例较多，如位于广州的石井净水厂，如图 2-7 所示。MBR 技术在近些年得到更加广泛的应用，如广州京溪地下净水厂，如图 2-8 所示。该处理技术具有出水品质高、占地面积小、自动化操作普及率高等优点，但该处理技术使用的膜片价格昂贵，且运行维护复杂。此外，规模较小的地下式污水处理厂常采用 MBBR 技术，如设计规模为 2 万 m³/d 的贵阳娃娃桥污水处理厂。

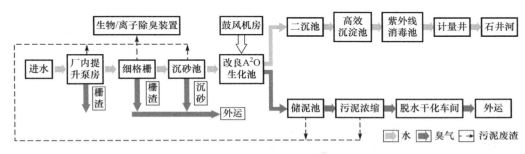

图 2-7　广州石井净水厂工艺流程示意图

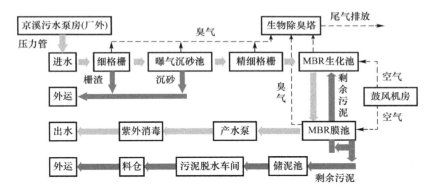

图 2-8　广州京溪地下净水厂工艺流程示意图

2. 污水消毒工艺

处理后的水体在排放前需要进行消毒处理，以避免水中的细菌及病毒对人们的健康造成威胁。常用的消毒工艺有加氯法、热处理法、膜过滤法等。采用液氯去除水中的细菌和病毒的方法在世界各国得到了广泛的应用，该技术目前已十分成熟，且需要投入的资金较少，但该工艺占地面积大且存在二次污染。紫外线消毒法占地面积小，安全性好且无二次污染，近年来，越来越多的地下式污水处理厂采用此工艺对将要排放的水体进行消毒，如贵阳市五里冲再生水厂。但采用紫外线消毒法的费用较高，耗能较高，受水质影响大。

3. 除臭工艺

污水处理厂中臭气的主要成分为硫化氢、氨、硫醇等化合物。除臭工艺方法较多，例如燃烧法。活性炭吸附法、生物除臭法、水清洗和药液清洗法是目前最为常见的三种除臭方法。活性炭吸附法除臭效果显著，但投资成本较高；水清洗和药液清洗法除臭效果较差，且管理运行较为复杂；生物除臭法除臭效果稳定，运行成本较低。结合厂区实际情况选择适合的除臭工艺，深圳市福田水质净化厂采用生物除臭法去除污水处理过程中产生的臭气，取得了良好的效果。

2.3.3 类型

2.3.3.1 全地下式污水处理厂

全地下式污水处理厂地下一般为两层，地下一层为设备操作层，按照工艺流程布置相关的处理车间、设备操作及检修平台，工作人员可以经常进入地下空间进行巡查、维护等工作。地下二层为水处理构筑物层，主要布置污水处理水池和所需管道线路。全地下式污水处理厂的地面可以通过规划设计作为公园、运动场、园林景观等向市民开放，如广州京溪地下净水厂，如图 2-9 所示。

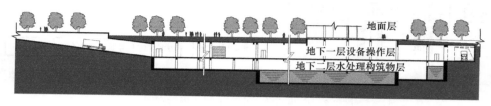

图 2-9　广州京溪地下净水厂剖面示意图

（图片来源：京溪地下净水厂提供）

2.3.3.2 半地下式污水处理厂

半地下式污水处理厂的主体处理构筑物和建筑物部分位于地下空间，工作人员可进入地下空间进行日常巡逻和检修工作。半地下式污水处理厂分为地下和地面两部分。地下一层为水处理构筑物层，布置有污水处理水池和所需管道线路。地面一层为设备操作区，按照工艺流程布置相关的处理设施，并留有检修观察口，便于工作人员进行日常巡查和检修维护。地面层和设备操作层的屋顶可以通过种植植物、设置水体和小品等方式设计为文体公园或景观绿化，可以使厂区与周边景观更加协调。深圳西丽再生水厂即为半地下式污水处理厂，如图 2-10 所示，通过在厂区地面层和设备操作层的屋顶种植种类丰富的植物、铺设木质栈道等方式，改善了厂区的景观环境，为工作人员提供更为舒适的工作和生活环境。

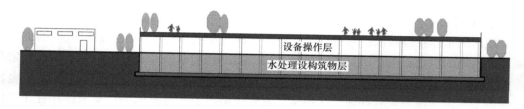

图 2-10　深圳西丽再生水厂剖面示意图

2.3.4 优势与劣势

传统地上污水处理厂会产生噪声、臭气等污染且建筑景观较差，因此被称为城市中的灰色基础设施。为此，相关专家学者提出建设城市地下式污水处理厂可以很好地解决这一问题。但在现阶段的发展过程中，地下式污水处理厂仍存在诸多亟待解决的难题。

2.3.4.1　优势

1. 节约土地面积

地下式污水处理厂常采用 A^2O 和 MBR 等技术，这些处理技术都具有占地面积小的特点。同时，地下式污水处理厂将功能空间在三维方向上进行立体叠加，大大减少了建（构）筑物的占地面积。此外，传统地上式污水处理厂由于存在污染，厂区必须设置卫生防护绿化隔离带，但地下式污水处理厂的结构形式在很大程度上削弱了这些污染对周边的影响，处理厂不需要再建设隔离带。上述地下式污水处理厂的特征都大大减小了厂区的占地面积，使其占地面积仅为传统地上式污水处理厂的 $1/5 \sim 1/2$。

2. 减小噪声、臭气污染

地下式污水处理厂将主体处理建（构）筑物布置在地下空间，其双层加盖的结构形式使得污水处理过程中产生的臭气和噪声被隔离在地下空间。在地下空间产生的臭气经管道收集后进行统一的除臭，处理后的气体再经排气设施排放至空气中。因此，位于地面的人们不会受到处理厂噪声和臭气的影响。

3. 受外界环境影响小

地面是地下式污水处理厂的天然屏障。地下式污水处理厂可以使污水处理的效果更加稳定，同时为工作人员提供更加舒适的工作环境。在夏季日晒较强的时候，地下式污水处理厂具有遮阴的作用，更利于工作人员在地下空间进行作业。在冬季温度较低的时候，传统地上式污水处理厂经常遇到污水处理难度加大的情况，而地下式污水处理厂具有很好的保温作用，受外界温度的影响较小。地下空间受外界天气变化的影响较小，即使在雨雪天气仍可以为工作人员提供较为舒适的工作环境。

4. 与周边环境和谐

传统地上式污水处理厂在地面布置污水处理相关的建（构）筑物，水池也会暴露在地面，导致地面绿化面积小，景观环境较差。地下式污水处理厂可以将顶部覆土建成地面或屋顶公园、园林景观、运动场等设施，在增加景观绿化的同时为周边人群提供公共空间，实现其向环境友好型城市基础设施的转变。

5. 提升周边土地价值

地面景观的不断优化使得污水处理厂的环境价值不断升高，地下式污水处理厂上盖公园成为周边环境的公共景观，为周边人群带来了良好的视觉感受，也使得厂区与城市环境更加和谐。环境品质的提升大大提高了厂区的亲和性，对厂区周边环境的改善也起到了良好的促进作用。同时，随着厂区环境的改变，人们对污水处理厂的态度也从排斥逐渐转向接受，促进了厂区周边土地价值的提升。

2.3.4.2　劣势

1. 施工难度大

地下式污水处理厂的建设对工程结构、建造技术等方面的要求很高。此外，地下空间在消防疏散、通风排气、设备管线铺设、与地面环境的整合等方面的要求更加严格，进一步增加了地下式污水处理工程的施工难度。

2. 投资成本高

地下工程的建设难度大，工程标准高，前期建设过程中需要投入大量的资金以保证工程质量。此外，为了保证污水处理作业的正常进行，需要采取防淹、防腐、通风、除臭等措施，为地下空间提供适宜的物理环境。除了地下空间，地下式污水处理厂地面空间的规划设计也需要投入相应的资金。综上所述，与建设在地上空间的污水处理厂相比，城市地下式污水处理厂的投资成本较高。

3. 安全隐患大

与利用地上空间建设的传统污水处理厂相比，地下式污水处理厂具有洪涝风险大、消防疏散复杂、通风困难、设备安装难度大等劣势，因此，在地下式污水处理厂工程的设计及施工过程中，需要重点考虑厂区的排水、通风、消防、设备维护等问题。

2.4 城市地下污水处理综合体建设现状

随着地下式污水处理厂工艺技术的完善和施工水平的提高，将厂区与地面开放公园、地下停车库等功能空间综合建设的实践工程越来越多，城市地下污水处理综合体应运而生。

2.4.1 适应条件

城市地下污水处理综合体具有集约建设用地、减少环境污染、改善人居环境等诸多优点，但其建设所需投资较大，对工程技术的要求较高，需考虑建设地区的现状条件，包括城市规划、生态环境等因素。城市地下污水处理综合体适应于下述地区新建污水处理厂的需求。由于地下式污水处理厂"用于城市建成区点源控制与河道生态补水"，且建设成本较高，因此大多建设在人口密度大、土地资源紧张、经济较为发达的城市，大于 10 万 m^3/d 的地下式污水处理厂数量较少，多建设于深圳、北京等一线城市。

2.4.1.1 土地资源紧缺的地区

近年来，我国一些城市发展迅速，日益增加的人口导致人地矛盾日渐加剧。为了保证城市各项功能的正常运转，需综合考虑地上空间与地下空间的统筹开发。通过开发城市地下空间建设污水处理厂与其他基础设施，可以大大提高城市空间的利用率，从而释放更多的土地资源用于其他工程的建设。北京通州碧水下沉式再生水厂，如图 2-11 所示，位于北京市城市副中心内，由于原厂周边已经没有可用的预留用地，因此直接在原厂址进行升级改造。改造后的厂区采用地下式污水处理厂的结构形式，占地面积仅 7.3hm²，约为原厂占地面积的 1/3。

2.4.1.2 经济水平较高的大中城市的核心地区

城市核心地区的建设情况可以体现城市的发展水平，更是一个城市的形象，因此对其环境具有较高的要求。经济较发达的大中城市可以为地下工程的建设提供经济和技术支持。因此，地下污水处理综合体适应于经济水平较高的大中城市的核心区建设污水处理厂。福田水质净化厂，如图 2-12 所示，位于深圳市中心区域福田区，厂区周边分布有汽车站、深圳市人才园、居住小区、商务大厦等建筑，北临滨海大道，东临广深高速。该工程于 2016 年 3 月进入试运行阶段，远期规划规模为 70 万 m^3/d，服务面积 62.43km²，一期工程占地面积为 16.32hm²。由于该片区为城市核心区域，该厂区在景观规划设计、污

(a)施工现场

(b)效果图

图 2-11　北京通州碧水下沉式再生水厂

（图片来源：https：//www.sohu.com/a/165596473_649223）

染物排放、噪声控制等方面需要达到更高的标准，因此将污水处理厂与城市绿地功能结合，建设城市地下式污水处理综合体，最大限度地保护了周边的城市环境。

图 2-12　福田水质净化厂周边现状及一期效果图

（图片来源：福田水质净化厂提供）

2.4.1.3　近高密度住宅区、商务办公区的地区

对于临近城市高密度住宅区、商务办公区建设的污水处理厂，可以利用城市地下空间建设地下式污水处理综合体，可以有效地减少污水处理对周边环境的影响，还可以为周边人群提供休闲健身场所。布吉水质净化厂，如图 2-13 所示，位于深圳市龙岗区布吉街道草埔工业区粤宝路与德进路之间，四周为密度较高的住宅区，人口密集，周边缺乏公共休闲公园。该厂于 2011 年建成，处理规模为 20 万 m^3/d，占地面积为 5.95hm^2。布吉水质净化厂大部分地面空间作为德兴社区公园向周边民众免费开放，在公园内活动的人群和周边居住的居民均不会受污水处理厂的干扰，如图 2-14 所示。

2.4.1.4　靠近自然景观且环境要求较高的地区

城市中自然景观资源紧缺，良好的自然景观除具有较高的生态价值外，还可以满足人们的观赏、游览、运动、社会交往等需求。对于需要毗邻城市重要自然景观建设污水处理厂的地区，可以建设地下式污水处理厂，既可以改善城市水体景观，还可以减少工程建设对环境的破坏。青山污水处理及再生利用工程，如图 2-15 所示，位于贵阳市南明区南明

图 2-13　布吉水质净化厂周边功能布局图

图 2-14　布吉水质净化厂鸟瞰图

（图片来源：http://wb.sznews.com/PC/content/
201712/26/c266964.html）

河畔，是南明河水环境综合整治工程的重要一环。该工程于 2015 年建成，总服务面积约 10.86km²，占地面积约 2.16hm²。南明河被称为贵阳市的"母亲河"，贵阳市民对其有深厚感情，改善南明河水体环境的工程也得到了社会高度重视。为尽量减少污水处理厂带来的负面影响，实现可持续发展，青山污水处理再生利用工程建设成地下污水处理综合体，实现了良好的环境效益。

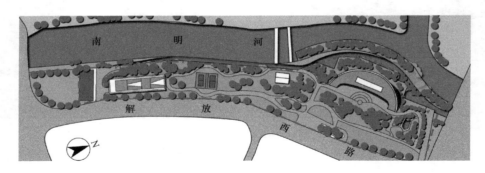

图 2-15　青山污水处理及再生利用工程总平面示意图

2.4.1.5　地面已规划为绿地与广场的地区

城市地下污水处理综合体可以实现城市绿地与污水处理厂的综合体建设。将污水处理厂置入地下空间，既可以保证污水处理厂的正常运行，又可以保留地面城市绿地，实现城市功能的复合和土地资源的综合利用。洪湖水质净化厂，如图 2-16、图 2-17 所示，占地面积 3.24hm²，该片区属于城市绿化生态区，对厂区景观环境的要求极高。该厂主要构筑物采用双层覆盖全地下式污水处理厂的结构形式，地面通过景观和建（构）筑物的统一规划设计，建设成为现代化的园林景观，以达到深圳市城市规划中该片区的发展目标。上海嘉定南翔下沉式再生水厂，如图 2-18 所示，位于顺丰路科盛路交叉路口，占地面积为 11.32hm²。厂区所在地分别被划为"市政公用设施用地"和"公共基础设施用地"，但同时，该地已被相关部门规划为嘉定区的 88 座公园之一。为了满足不同规划的要求，该工程最终建于地下，并将地面建设成为对外开放的绿地公园，既达到了该地区的规划目标，又大大提高了土地资源的利用效率。

图 2-16　洪湖水质净化厂周边现状分析图

图 2-17　洪湖水质净化厂效果图
（图片来源：http://ilonghua.sznews.com/content/
2017-12/26/content_18102516.htm）

2.4.2　类型

2.4.2.1　按功能分类

按照目前已建城市地下污水处理综合体地下
和地面空间的功能构成，可以将其分为游憩服务
型和商业服务型两种。游憩服务型污水处理综合
体的顶部空间建设成为文体公园、广场、湿地景
观或园林等公共空间，这些空间均对外开放，可
以为周边人群提供游憩场所，缓解城市公共空间
不足带来的城市矛盾，同时促进城市建设与生态

图 2-18　南翔下沉式再生水厂效果图
（图片来源：https://www.sohu.com/a/
294571578_749732）

保护的和谐发展。成都天府新区第一污水处理厂，如图 2-19 所示，顶部覆土作为活水公园，
公园对外开放，成为市民日常休闲活动的绝佳场所。商业服务型污水处理综合体可以满足人
们的购物需求，与城市其他商业建筑共同构成城市商业圈。为了满足购物中心的人流和物流
对便捷交通的需求，此种类型的综合体还包含有地下停车库和公交站等相关设施，如五里冲
棚户区改造污水处理综合工程，如图 2-20 所示。商业服务型污水处理综合体的地上空间可以
结合城市发展阶段和周边功能定位设置办公楼、体育馆、公寓等建筑。

图 2-19　天府新区第一污水处理厂鸟瞰图
（图片来源：http://www.cwewater.
com/news_lists508.html）

图 2-20　五里冲棚户区改造污水
处理综合工程效果图

2.4.2.2 按环境价值分类

按照城市地下污水处理综合体地面空间的功能与周边环境的关系，可以将其分为社区友好型和生态友好型。社区友好型污水处理综合体地面可建设办公楼、公寓、文化综合体、文体公园、市民广场等，其顶部空间的功能与城市发展需求、周边功能以及建设地区的功能定位相关，如深圳市布吉水质净化厂。生态友好型污水处理综合体的地面空间通过景观规划设计作为园林景观或湿地公园对外开放，如贵阳青山污水处理及再生利用工程。此类污水处理综合体的设计与城市绿道、海绵城市等城市生态基础设施结合，有益于增强城市对环境变化的适应性，减小工程建设对城市生态环境的破坏，同时为周边人群提供良好的自然景观。

2.4.3 基本特征

2.4.3.1 功能复合化

城市地下污水处理综合体是将地下式污水处理厂与城市其他公共空间进行复合的综合体。我国早期工程往往将厂区顶部覆土，并根据建设情况布置景观，从而建设封闭的厂前区和开放的上盖公园，这便是最初的城市地下污水处理综合体，如深圳布吉水质净化厂。随着城市地下空间的不断开发和相关工艺技术、建设技术的逐渐成熟，地下式污水处理厂开始与更多功能类型的建筑如购物中心、公交站、停车库等综合，建设城市地下污水处理综合体。贵阳市贵医污水处理厂，如图 2-21 所示地下四层和地下五层为污水处理厂，地下二层和地下三层为机动车库，地下一层为商业中心。贵阳市五里冲棚户区污水处理综合工程地下三层和地下四层为五里冲再生水厂，地下二层为机动车库和公交站，地下一层为商业用房及机动车库。因此，功能复合化是城市地下污水处理综合体的基本特征。

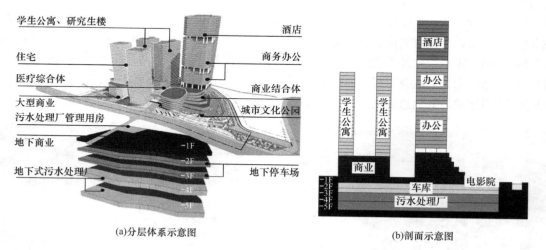

(a)分层体系示意图　　　　　　　　　　(b)剖面示意图

图 2-21　贵阳贵医污水处理综合体功能布局

2.4.3.2 空间权属多元化

我国城市地下污水处理综合体实现了污水处理厂、公交首末站、机动车库、购物中心、社区公园等不同功能空间的综合建设，由于这些空间分属于水务局、交通局、环保局、投资集团等不同的开发建设主体,因此综合体的空间权属呈现多元化的特征。深圳市布吉水质净化厂工程的主管单位为深圳市水污染治理指挥部办公室,其上盖公园——德兴社区公园的主管部门则为深圳市龙岗区城市管理局。贵阳市五里冲棚户区改造污水处理综合工程包括五里冲再生水厂、中央公园公交枢纽站、停车库、CC-PARK 购物中心和中央公园,其中中央公园公交枢纽站由公交公司管理,其他功能属于开发商所有,难以进行统一管理。空间属性的多元化导致综合体的规划设计难以统一,各功能之间出现完全独立、互不相干的情况。现阶段城市地下污水处理综合体的设计与建设中,不同功能之间多为简单拼接,将综合体中不同功能的管理权进行协调与统筹,对地下污水处理综合体进行统一的规划设计,可以提高综合体的品质。

2.4.3.3　空间集约化

城市空间的集约化发展是指通过利用城市的集聚效应,在阻止环境恶化和减少灾害损失的前提下实现更大的综合效益。城市地下污水处理综合体是对城市地下空间的分层化开发,可以有效提高城市的承载力,实现城市中不同的功能空间的综合建设。同时,根据综合体中不同空间的特点,对综合体的空间格局进行统一规划,实现各功能之间的优势互补,使各功能之间形成良好的互动机制,从而提高各功能之间的协同性,提高综合体的运行效率。如在污水处理厂与公园综合建设的污水处理综合体中,通过公园收集的雨水可以快速进入污水处理厂进行处理,处理后的水又可以回用至地面公园,用于补充景观水体、浇灌植物、清洁路面等。既可以有效节约土地资源,又可以集合不同功能的优势构建高效的运行体系。

2.5　城市地下污水处理综合体存在问题及发展趋势

2.5.1　存在问题

城市地下污水处理综合体是城市建设过程中的新兴产物,由于发展时间较短,目前仍处于探索阶段,相关理论研究和工程设计尚未形成完整的体系。因此,城市地下污水处理综合体在现阶段的发展中仍存在如下问题。

2.5.1.1　政策法规不完善

城市地下污水处理综合体主要利用城市地下空间实现多种类型建筑的综合建设。我国城市综合管廊、地下商业和地下车库的建设已较为普遍,相关政策法规也较多,《地下式城镇污水处理厂工程技术指南》(T/CAEPI 23—2019)于 2020 年初开始实施,但我国地下公交站和地下生活垃圾转运站建设的时间较短,相关的行业标准较少。目前相关工程的建设多参考地下厂房、地上市政场站等工程的相关规范,如《城市道路公共交通站、场、厂工程设计规范》(CJJ/T 15—2011),但这些规范并不能很好地适用于相关地下工程特殊的功能和结构形式,甚至会在一定程度上限制其未来的发展。

由于我国目前对城市地下空间所有权的界定不够清晰,管理标准也尚未统一,导致地下空间的开发与建设过程中缺乏具有权威性的统一的指导标准,不利于对地下空间资源的合理高效利用。此外,城市地下空间的管理主体较多,所对应的政府职能部门和管理制度也不同,导致地下空间缺乏系统的、协调的管理制度和规定,在建设过程中出现各部门之间难以协调、整体规划难以实践、浪费空间资源的现象。为了推进城市地下污水处理综合体的进一步发展，需要出台具有权威性的相关管理政策和法规指导和规范其管理与建设，给城市地下污水处理综合体的发展提供有力的保障。

2.5.1.2 空间模式不成熟

根据笔者现场调研和案例分析获得的资料来看，我国早期建设的城市地下污水处理综合体功能构成较为简单，主要为利用地下空间放置污水处理厂的主要建（构）筑物，屋顶覆土作为城市公共绿地空间。近几年建设的地下污水处理综合体多为污水处理与地下停车、地下商业等功能结合。但各功能空间仅为简单的拼接和叠加，功能布局和空间组织仍待完善。由于缺乏整体性和协调性的空间设计，地下污水处理综合体没有充分利用各功能的特征在综合体中构建良好的互动机制。

城市地下污水处理综合体不仅需要满足污水处理、游憩等需求，还应具有科普教育功能，如图 2-22、图 2-23 所示。在笔者访谈相关专家和工作人员的过程中，超过半数的被访谈者表示，结合城市地下污水处理综合体增加水环境知识的科普教育功能，可以增加人们对污水处理流程的了解，有效缓解人们对综合体的排斥情绪。参与广州石井净水厂设计及建设的专家表示，"水环境知识的科普具有重要意义，但是现阶段相关的实践案例较少，如何在实践工程中将科普教育功能与污水处理功能更好地结合是目前亟待解决的问题"。在已建成的实践工程中，空间的简单叠加导致城市地下污水处理综合体各功能之间相互独立，地面景观较为单一，市民仅能通过相关标识得知地下空间具有污水处理功能，无法对生产过程有更深的了解，导致综合体无法充分利用自身功能特点，发挥其在水环境科普教育方面的优势。目前一些城市地下污水处理综合体工程只能通过预约对厂区进行参观，结合厂区交通流线设置宣传栏、展示柜等设施，向人们介绍污水处理相关知识。布吉水质净化厂及其上盖公园工程在厂区上部设置空中栈道，以便人们了解厂区的地面规划布局。但这些科普方式向人们传达的信息量十分有限，体验感不强且效率较低，不能解决根本问题。

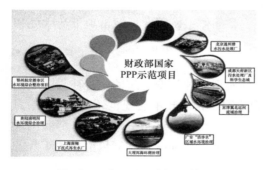

图 2-22　青山再生水厂宣传栏

图 2-23　福田水质净化厂展示区

综上所述，我国目前建设的城市地下污水处理综合体仍存在涵盖的功能类型较少、空间格局不够完善、景观环境简单且未能实现高质量的一体化设计的问题，尚未形成成熟的空间模式，不能很好地实现集约化设计。因此，需要对城市地下污水处理综合体的不同空间模式和相应的设计策略进行深入探讨，在满足功能的同时实现空间人性化设计和地上地下一体化设计，并且更好地担负起科普教育的重任，实现更高的社会效益。

2.5.1.3　空间品质较低

城市地下污水处理综合体的主要功能设置在地下空间，使用者需进入地下进行活动。与地上空间不同，地下空间较为封闭，导致地下空间的空气流动性较差，自然采光不足，自然景观匮乏。而且随着深度的增加，封闭空间带来的负面影响也会更加明显。由于地下空间的空气流动性较差，各空间使用过程中产生的异味和热量难以很快消散，空间湿度也较大。污水处理厂和生活垃圾转运站在运行中会产生臭气污染，地下机动车库和公交首末站中车辆的运行也会产生大量的尾气。现有的臭气收集处理系统和排气设施并不能完全去除异味的影响，如图 2-24 所示。同时，为保证工厂的正常运转，地下空间布置有除臭、消防、新风等诸多设备，设备运转会产生噪声和热量，需进行防护，如图 2-25 所示，但封闭的地下空间不利于声音的减弱和热量的散发，而且闷热潮湿的空间也容易滋生蚊虫，从而降低地下空间的环境品质。

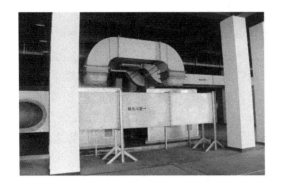

图 2-24　福田水质净化厂除臭风管　　　图 2-25　布吉水质净化厂噪声危害警示标志

除了空气流动性差，封闭的空间特征导致地下空间与外界环境的联系很少，地下二层及以下的空间难以获得自然采光，主要依赖人工照明设施，如图 2-26 所示。此外，日光的缺乏也不利于植物的生长，因此，使用者在地下空间活动时往往难以接触自然景观。

(a)地下二层公交枢纽站　　　　　　　　(b)地下三层污水处理厂操作层

图 2-26　五里冲棚户区改造污水处理综合工程地下空间人工照明

综上所述，目前城市地下污水处理综合体的使用中存在臭气和噪声污染、自然采光和自然景观不足、温度较高等缺点，导致空间品质较低，不利于工作人员的身心健康。

2.5.2　发展趋势

2.5.2.1　地上地下一体化

随着城市立体化建设的不断推进和城市整体规划的逐渐完善，城市地上空间与地下空间的联系日渐密切。功能类型的不断增加使得城市地下综合体与城市地面的接触面逐渐扩大，地下空间不再只是作为城市建设的补充空间而呈现封闭的状态，而是通过人流、物流的不断渗透和交换成为日常城市生活中不可或缺的部分。加拿大蒙特利尔将地下空间网络与地面环境综合建设，通过商务办公、商业、交通等功能的合理规划，加强了地上空间和地下空间人流、物流的联系。城市地下污水处理综合体的设计也将向着地上地下一体化的方向发展。

2.5.2.2　功能多样化

随着城市生活的多元化发展和生活方式的改变，城市空间将向着多元综合化的方向发展，建设功能更加多样化的城市地下综合体也将成为未来城市发展的一大趋势。随着城市地下工程建设技术的不断成熟，越来越多的城市功能将被置入地下空间。我国的地下商业空间、地下停车库等工程的建设已经取得较好的成绩。近年来，我国地下交通站和市政场站工程得到了大力建设，地下生活垃圾转运站、火车站等工程都获得了良好的社会反响。将污水处理与更多种类的功能进行复合将成为城市地下污水处理综合体的发展趋势之一。

2.5.2.3　空间人性化

由于地下空间与外界环境的接触面较小，往往给人昏暗、潮湿、封闭的感觉，如何为地下空间的使用者带来更好的生理和心理感受引起了越来越多相关学者和从业人员的讨论。近年来，在地下空间方向感的建立、场所感的营造以及空间特色化设计等方面的研究越来越多。随着经济和技术的发展，城市地下空间的建造技术更加成熟，地下空间的采光、通风、降噪、除臭等相关技术也逐渐完善。一些优秀实践案例也通过不同的空间设计手法为地下空间引入自然光线、植物水体等自然景观，可以有效改善地下环境，缓解人们在地下空间的紧张心理。同时，人们对互动建筑、智慧建筑的不断探索也将大大提高城市地下污水处理综合体的空间品质，使建筑空间更加舒适，更加人性化。

2.5.2.4　场所特色化

地下空间的特色化设计和场所感营造有助于改变人们对下空间封闭、压抑的固有印象，从而获得人们对地下空间的认同感。随着城市地下综合体的不断发展，人们对地下空间品质的要求越来越高，营造具有特色的场所成为相关工程建设中的重要部分。公共性与开放性是城市地下综合体的明显特点，综合体的地下空间环境与地上城市环境之间相互渗透、互相影响，城市地下综合体建筑与城市环境的联系愈加紧密。作为城市地下综合体的一部分，城市地下污水处理综合体可以接借助自身的立体化特征延续地上环境，增加地下空间的特色和场所感。特色化设计可以提高地下空间的环境品质，而且城市地下污水处理综合体具有强化城市环境特色的条件，因此，场所特色化必将成为城市地下污水处理综合体的发展趋势之一。

2.6　城市地下污水处理综合体研究的必要性与可行性

2.6.1　必要性分析

2.6.1.1　为城市发展提供条件

为了缓解城市中土地资源的压力，加强城市黑臭水体的整治，提高人们的生活品质，城市地下污水处理综合体应运而生。城市地下污水处理综合体是对城市空间的立体化开发利用，可以将城市交通、商业、体育、文化、市政等不同功能与污水处理功能进行综合，实现城市功能的复合化和空间的集约化。

将原本位于城市地上空间的污水处理、垃圾转运、停车库、公交首末站等城市市政基础设施置入地下空间，可以大大减小对城市环境的破坏，提高城市的环境品质。同时，随着城市人口的增加，城市地面建筑的密度也在不断增加，绿地、广场、公园的面积则逐渐被压缩，无法为人们提供足够的休闲场所，也破坏了城市的自然风貌。城市地下污水处理综合体可以将原本位于地面的建筑置入地下空间，释放地面空间，使其可以作为城市绿地、公园等功能空间完善城市功能。此外，由于地下空间受外界气候环境的影响小，交通更加便利，因此可以满足人们所有时段的不同活动。由此可见，城市地下污水处理综合体可以吸引大量的人流，促进城市的经济发展。综上所述，城市地下污水处理综合体在城市建设、环境保护和经济发展方面都具有良好的推动作用，在城市发展过程中具有重要意义。

2.6.1.2　为相关政策法规的制定提供参考

政策法规的制定可以对相关领域的发展起到指引、监督与制约的作用，为了保证城市又好又快地发展，使更多人的权益得到保障，各专业领域相关政策法规的制定十分必要。城市地下污水处理综合体的理论研究和工程建设均处在探索阶段，目前缺乏权威的管理政策和法律法规对相关工程的设计施工以及管理进行指引。由于城市地下污水处理综合体包含交通、污水处理、垃圾转运、商业、绿化等多重功能，为了保证每种功能空间的正常运行，既需要有针对不同功能空间的权威性政策法规指导设计与施工，也需要整体统筹的相关法规对其整体空间规划与工程建设进行指引。此外，城市地下污水处理综合体的管理涉及环保局、水务局、交通局等多个部门，各部门之间尚未形成统一管理，导致综合体各功能空间彼此独立，很难进行统一的规划设计，极大地限制了城市地下污水处理综合体的发展。因此，亟须出台相关法律法规对城市地下综合体建设中涉及的不同管理权进行统筹，为综合体的统一规划设计提供条件。综上所述，了解城市地下污水处理综合体的构成元素、空间模式以及相关的设计策略，可以为相关政策法规的制定提供参考，对于推动城市地下污水处理综合体的发展十分必要。

2.6.1.3　为实践工程的建设或提升提供借鉴

建设城市地下污水处理综合体是缓解城市人地矛盾、提高城市人居环境、保证城市顺利发展的有效方式之一。但是，由于发展时间较短，关于城市地下污水处理综合体的优秀实践案例和相关的理论研究、政策法规数量较少。目前城市地下污水处理综合体实践工程的设计与建设尚处在探索阶段，其空间模式的建构和设计策略的提出多借鉴城市中商业综合体、交通综合体和地下式污水处理厂工程的设计与施工经验。但由于功能构成不同，并不能完全对其他工程的建设经验照搬照用，需要考虑到城市地下污水处理综合体在空间要求和管理运行等方面的特殊性提出针对性高、适用性强的设计策略。目前一些实践工程在建设过程中采用粗放式的建设方式，不仅不能达到改善城市环境的效果，还浪费了大量的资金和城市空间资源。为城市地下污水处理综合体制定相应的空间设计策略，可以为今后相关工程的新建或改造提供支持，对更好地发挥其在城市建设与发展中的作用也十分重要。

2.6.2 可行性分析

2.6.2.1 发展可行性

城市地下污水处理综合体的建设可以为城市发展释放更多的空间，促进城市的更新与发展，而城市的发展也可以进一步推进城市地下综合体的建设，二者之间形成良性循环。城市建设的推进和经济的增长使得人们的生活更加多元化，对生活品质和环境质量的要求也更高，然而城市的空间资源是有限的，这种矛盾促进了城市地下污水处理综合体的发展。城市地下污水处理综合体的建设具有造价高、难度大、工程复杂的特点。研究表明，城市的人口密度和地均国内生产总值与城市地下空间的发展水平和开发强度呈正相关关系。同时，城市在地下综合体建设中的材料、设备、结构、施工等技术水平决定了综合体的发展水平。我国大城市的经济发达，相关技术水平与施工质量也取得了很大发展，因此，城市经济与技术的发展使得城市地下污水处理综合体的开发与建设成为可能。

2.6.2.2 政策可行性

环境质量与人们的生活品质密切相关，我国政府也十分重视对环境的治理，其中，城市黑臭水体的综合整治得到了高度重视，并相继发布了相关的政策支持污水治理工作的开展和污水处理设施的建设。《国务院关于加强城市基础设施建设的意见》（国发〔2013〕36号）提出应提高污水处理、垃圾处理等基础设施工程的设计施工水平，并加大对相关工程的投资力度，建设高水平、低污染、低能耗的城市基础设施。相关政策的支持和各方资金的投入增加了城市地下污水处理综合体建设的可行性。

2.6.2.3 规划可行性

城市地下污水处理综合体实现了功能复合化和空间集约化，节约了大量的土地资源。贵阳市贵医污水处理厂综合工程利用贵阳医学院地下空间进行建设，广州京溪地下净水厂占地面积仅为传统地上污水处理厂占地面积的1/5，北京通州碧水下沉式再生水厂在提高处理量的基础上减少了2/3的占地面积，为城市的发展释放了更多的空间。此外，污水处理厂、生活垃圾转运站等城市灰色基础设施由于在运行过程中产生污染，在城市规划中往往被放在偏远地区。城市地下污水处理综合体位于城市地下空间，其对周边环境的污染程度被大大削减，相关处理技术的改进也进一步降低了生产运行对周边环境的影响。因此城市地下污水处理综合体在城市规划中的可能性更多，建设可行性也更大。

2.6.2.4 社会可行性

传统市政场站带来的噪声、臭气等污染使得周边的居民产生了排斥心理。城市地下污水处理综合体将主体建筑空间置入地下，地面通过规划设计作为园林景观、社区公园、运动场等向周边市民开放，在保证相关功能正常运行的同时，还可以为周边提供良好的自然景观和公共空间。深圳市布吉再生水厂紧邻多个居住小区，但由于厂区地面建设成为社区公园，环境优美，且没有噪声、臭味等污染，附近居民经常在公园内活动，并对该厂给予较高的评价。受到良好景观的影响，城市地下污水处理综合体周边土地的价值可以得到一定程度的提高，有效保障相关企业的利益。因此，城市地下综合体的建设得到了市民和相关企业的认可，为其发展提供了社会可行性。

2.7　本章小结

　　本章为本书的基础研究部分，主要围绕城市地下式污水处理厂和城市地下污水处理综合体的研究展开。首先，梳理国内外地下式污水处理厂的发展历史及建设现状，分析其类型及基本特征，全面了解地下污水处理厂的整体概况。其次，结合现场调研和案例分析获得的资料，总结我国城市地下污水处理综合体建设过程中存在的问题及发展趋势。最后，对本研究的必要性与可行性进行分析。

第 3 章　城市地下污水处理综合体空间模式

本章主要阐述城市地下污水处理综合体空间模式的建构过程。首先确定空间模式的影响因素和构成要素，然后根据功能类型对其进行分类，并分析不同空间模式的城市地下污水处理综合体的特征。

3.1　城市污水处理综合体构建研究方法

笔者采用理论探索和实践研究相结合的思路，借鉴国内外的先进研究成果，在掌握学科前沿动态，了解城市污水处理综合体相关研究现状的基础上进行研究。通过归纳总结实地调研和专家访谈的成果，提出城市地下污水处理综合体的空间模式和相应的设计策略。具体的研究方法如下所述。

3.1.1　文献研究法

大量收集并阅读与城市地下空间、城市综合体和城市地下式污水处理厂相关的国内外书籍、论文、新闻报道以及统计年鉴，归纳和总结相关内容，对本研究的研究背景、学术前沿、未来趋势有初步认知，并对城市地下污水处理综合体有初步了解，为本研究奠定理论基础。

3.1.2　案例分析法

通过论文、书籍、新闻报道等途径查找国内外地下式污水处理厂、城市地下综合体、城市地下空间开发利用的优秀案例，收集与案例相关的文献、设计图纸、照片、视频等资料并进行分析总结，了解其建设背景、功能构成、空间组织和景观规划设计，归纳其成功之处和存在的问题，为城市地下污水处理综合体空间模式的构建和设计策略的提出提供借鉴，也为本研究提供实践支持。

3.1.3　实地调研法

笔者于 2018 年至 2020 年历经两年时间，对深圳、广州、上海、贵阳等几个城市的相关典型地下式污水处理厂、城市地下污水处理综合体、城市综合体多次进行现场调研。在现场勘查过程中，对调研对象的地下空间设计、地面设施布局、出入口设置、景观规划和与周边环境的关系进行观察和记录。同时，参与到使用者的活动中，选取在调研现场不同空间进行不同活动的人作为观察者，观察其活动状态、行为、情绪的变化并进行拍照和文字记录。绘制并收集相关图纸和文本资料，并对现场记录的内容进行整理分析，总结归纳调研对象的设计策略、影响因素、成功之处和不足之处，为本研究提供借鉴。

3.1.4　半结构型访谈法

笔者通过借鉴以往对城市地下空间、地下式污水处理厂、地下综合体的调查研究，编制本次半结构型访谈的提纲，并于 2019 年至 2020 年期间分别对 10 余位建筑设计领域和环境工程领域的专家进行深入访谈，了解城市地下空间、城市基础设施、地下式污水处理厂以及城市地下污水处理综合体的建设要点、影响因素、发展趋势等。同时，对几十位在地下式污水处理厂地下空间进行作业的工作人员进行深入访谈，了解地下式污水处理厂工作人员的心理影响因素及影响模式。访谈过程中采用录音和文字记录的方式记录相关信息，访谈结束后及时整理和分析记录的内容。

3.1.5　跨学科综合分析法

城市地下污水处理综合体包含市政、公共服务、交通等多种类型的功能，需对其功能布局、流线组织、景观规划、一体化设计等方面进行分析与研究，涉及不同学科的知识。为了更加深入地了解综合体的各个构成要素，提出更为全面的设计策略，本书将依托建筑学、风景园林学和环境科学三个学科对城市地下污水处理综合体的空间模式和设计策略进行研究。

3.2　空间模式的影响因素

为了更好地发挥综合体的功能，应对其空间模式的影响因素进行解析。笔者通过整理专家访谈录音和笔记，摘录与城市地下污水处理综合体空间模式影响因素相关的内容，见表 3-1，并结合文献研究获得的资料，提出周边功能需求、政策法规限制、人性化空间诉求都会影响城市地下污水处理综合体空间模式的建构。

访谈资料摘录示例

表 3-1

访谈文本	内容摘录	影响因素
描述 1 (1) "有城市设计、排水设计的规范的。" (2) "第一个就是要保证污水处理厂的功能，要把水净化好。其次要保证配套设施的功能，保证跟它组合在一起的功能可以正常运转，我一直认为功能是第一的。""功能第一、安全性第二、然后就是经济性、舒适性、美观性等。""要保证健康，健康包括生理健康和心理健康。""地下工程本身造价就很高，尽量选择占地面积小的一些工艺，相对来说更划算一些。" (3) "能够把周边环境的功能与综合体相结合，形成互补。""（如果）在居民区里面建污水处理厂，居民希望能逛公园、好停车，那就要为周边居民提供这些便利。"	有相关设计规范控制；保障空间的功能、安全性、经济性、舒适性、美观性；空间设计要保证生理健康和心理健康；综合体与周边环境功能互补	政策法规；空间人性化；周边需求
描述 2 (1) "地下建筑如果位于市政道路下面的话，出屋面的部分就要考虑地面的情况。外露地面的部分要考虑与地面的道路、建筑的关系。""如果是停车场的话，可能会贴近住宅或者商业项目，因为它们对停车有很迫切的需求。但是如果周边是学校，可能就不需要做停车场，因为家长接送孩子很规律，时间也短。" (2) "地下工程的一个难点就是疏散，要满足规范要求。"	地下工程的疏散很重要；地下建筑应与周边环境综合考虑；人经常使用的空间和盈利的空间应放在综合体上部	周边环境；政策法规；空间人性化

访谈文本	内容摘录	影响因素
(3)"首先，商业空间应该放在最上面，因为商业是主要为人服务的，也是一个盈利的功能，一般情况下就是做在（地下）一层或二层。""如果公交首末站兼有上下客功能的话，肯定要往上部（空间）靠一些。""（在城市地下污水处理综合体的竖向分层上）一个大的原则就是为人服务的设施，就把它放在（综合体的）上部。像污水处理厂、垃圾转运站这种都是专业的人员（进出），对空间的要求就不是很高，这种就可以往（综合体的）下部放。"		

3.2.1 周边功能需求

城市空间的开发利用应当对城市的发展具有积极的推动作用，作为城市空间的一部分，城市地下污水处理综合体的建设应当满足周边环境的发展需求。不同地区的现状条件和发展趋势不同，该地区地下污水处理综合体的建设目标也不相同，进而导致综合体在功能构成、空间格局等方面产生差异。因此，周边环境的需求是影响综合体空间模式的重要因素之一。笔者通过案例分析和专家访谈了解不同类型城市地下污水处理综合体的周边环境与发展需求，将其分为改善自然生态环境、增加休闲娱乐场所、完善市政交通设施三类。

3.2.1.1 改善自然生态环境

城市的快速建设与土地资源的大规模开发导致城市中的水体污染、空气污染、土壤污染日益严重，同时，由于工程设施的建设占据了大量土地，城市中的自然景观逐渐减少。因此，改善自然景观、修复生态环境是很多地区发展的重要任务。目前，我国很多地区通过统筹建设截污系统、污水处理系统和尾水排放系统达到改善城市水环境的目的。城市地下污水处理综合体中建（构）筑物的设计应与周边环境相协调，并利于城市生态文明的建设。贵阳市南明河水环境综合治理工程通过统筹污水收集处理系统的设计管理，建设分散式、地下式污水处理厂的方式，既实现了城市资源的高效利用，又达到了污水与河流共同治理的效果，有效推动了地区水生态系统的恢复，大大提升了沿河景观的品质。

3.2.1.2 增加休闲娱乐场所

休闲娱乐活动是指人们为了满足心理需求，在闲暇时间进行的活动。建设多样化的休闲娱乐场所是丰富业余生活、提高地区活力的重要环节。随着人们的业余生活更加丰富，很多地区的现有休闲娱乐场所不足，不能满足人们的需求，因此需要增加休闲娱乐场所的数量。城市公园广场具有休闲健身、科普展示、社会交往等多重功能属性，可以为人们的游憩活动提供公共空间。随着人们消费水平的提高和娱乐活动的不断丰富，功能完善的商业空间成为人们度过闲暇时间的主要场所之一，商场、商业街等商业场所成为很多地区建设过程中的重要工程。

3.2.1.3 完善市政交通设施

市政交通设施包括市政场站、综合管廊、市政管线等市政公用设施和公共交通场站等交通设施，是保证城市正常运行和不断发展的重要基础。人口的不断增加为城市带来了水环境污染、交通拥堵、停车难等问题，因此对污水处理、垃圾转运、网络通信、交通运输等功能的需求逐渐增加。为了保证城市的正常运行，污水处理厂、生活垃圾转运站、市政管线、停车库、公交站等城市市政公用设施和城市交通设施的规模和数量不断增长。此外，我国大、中城市的高速发展带来了土地资源不足和生态环境恶化的问题，更是对市政交通设施的品质提出了更高的要求，占地面积小、环境污染少、运行效率高、能源消耗低的市政交通设施成为建设重点。

3.2.2　政策法规限制

近年来，我国在地下工程的建设方面取得了显著成果，地下空间的开发规模也逐渐增加，开发模式也从政策推动转变为需求导向。为了保障地下空间开发利用的质量，截至2018年底，我国已陆续颁布413项与城市地下空间相关的法律法规、规章、规范性文件，而且一些城市或地区结合自身发展的实际情况，制定了针对性和可实施性较强的政策法规。地下空间是城市空间在竖向维度上的延伸，北京、天津、合肥按照不同深度将地下空间划分为不同层级，并列举了不同层次地下空间的主要功能，如表3-2所示。北京、天津、合肥均将综合管廊、地下商业、停车设施、人行通道等民用功能布置在地下30m以上的空间，地下空间的分层设计遵循"人在上、物在下"的原则，而且将人员活动时间较长的空间设置在人员活动时间较短的空间之上。

城市地下空间层级划分及主要功能　　　　　　　　　　表 3-2

城市	地下空间层级	地下空间深度	主要功能
北京	浅层	$-10\sim0m$	宜将人员活动频繁的空间（商业、娱乐、步行通道、轨道站台等）及直埋市政管线布置于较浅区域，将少人或无人的物用空间布置于较深区域
	次浅层	$-30\sim-10m$	
	次深层	$-50\sim-30m$	
	深层	$-50m$ 以下	
天津	浅层	$-10\sim0m$	中小型市政管线管廊、地下商业、停车设施、人防工程专项设施、地铁、地下道路等
	中层	$-30\sim-10m$	大型市政管线、综合管廊、地铁、停车设施、人防工程专项设施等
	次深层	$-50\sim-30m$	地铁、人防工程专项设施等
	深层	$-50m$ 以下	地源热泵、桩基础等
合肥	浅层	$-15\sim0m$	商业服务、公共步行通道、交通集散、停车等，城市道路下的浅层空间优先安排市政管线、综合管廊、轨道、人行道等
	中层	$-30\sim-15m$	停车、交通集散、人防等，城市道路下的中层空间可安排轨道、地下道路、地下物流等
	深层	$-30m$ 以下	公用设施干线和轨道交通线路等

地下空间位于地表以下，空间封闭性强，容易发生火灾、洪涝等灾害，同时，由于地下空间与外界的联系较弱，进一步增加人员疏散的难度。与地上工程相比，地下工程具有建设成本高、安全隐患大、空间品质低的劣势。我国相关部门制定了一系列政策法规，从防火、防洪、抗震、节地等方面对不同功能类型的地下空间提出相应的设计要求，提高地

下工程的安全性、经济性、舒适性。

3.2.3 人性化空间诉求

人是城市地下污水处理综合体空间环境设计中的重要因素，随着城市地下综合体建设的不断推进，空间的人性化设计得到越来越多的关注。本书将人们对城市地下污水处理综合体空间的需求分为对物理环境的要求、对自然元素的渴求、对场所精神的需求三个方面。

3.2.3.1 对物理环境的要求

城市地下污水处理综合体的建设首先要满足安全性的要求。其次，作为具有多元功能的建筑，城市地下污水处理综合体需要容纳多样化的行为活动，不同行为活动对空间光环境、热湿环境、声环境的要求不同。因此，在综合体设计和建设过程中，需考虑不同行为活动的特点以满足人们在地下空间进行相关活动时的生理需求。根据人们的行为特征、心理感受和空间使用特点，确定室内空间的材质、色彩、空间尺度等方面，最大限度地满足人们对城市地下污水处理综合体空间环境的要求。

3.2.3.2 对自然元素的渴求

由于城市地下污水处理综合体与外界环境的接触面较小，空间较为封闭。而且随着深度的增加，空间封闭感也逐渐增强。在已经建成的城市地下污水处理综合体工程中，往往只有综合体的顶部与外界环境接触，而且考虑到室内物理环境和功能布局，综合体内部与外界环境的联系较弱。其他空间由于较为封闭，仍面临自然采光不足、空气流动性较差、缺少植物等问题，对人们的心理和生理感受造成负面影响。为地下空间引入日光、植物、水体等自然元素，将室内空间室外化，可以减弱地下空间的封闭感。

3.2.3.3 对场所精神的需求

城市地下污水处理综合体地下空间较封闭，容易给人造成与外界隔离的心理感受，从而降低人们在综合体中活动的意愿。增强地下污水处理综合体的场所精神，可以提升空间活力，吸引人们进入综合体开展相关的活动并进行较长时间的逗留。作为城市空间的重要组成部分，城市地下污水处理综合体应当结合城市或片区的环境特色营造具有活力的空间，其地下空间应延续地面的景观环境和社会文化活动，让使用者在地下空间也能感受到外界环境。

3.3 空间模式的构成要素与类型

3.3.1 空间模式的构成要素

城市地下污水处理综合体并不是一个完全封闭的城市空间，而是构成城市生活空间的重要组成部分，其建设与发展离不开综合体内部空间与外界人流、物流、信息流的不断交换。因此，城市地下污水处理综合体需要通过不同构成要素的有机组合凸显综合体的特征，从而构建满足发展需求的空间模式。由本书第3.2节的研究可知，城市地下污水处理综合体的空间模式受周边功能需求、政策法规限制、人性化空间诉求的共同影响。因此，在空间模式的建构过程中，为了促进城市地下污水处理综合体的高效运行，需要与周边环境衔接。其次，根据周边功能需求明确城市地下污水处理综合体的建设目的，从而确定其功能构成。最后，根据相关的政策法规和城市地下污水处理综合体的功能构成确定其空间组织形式，构建基本骨架。综上所述，本书中城市地下污水处理综合体的研究范围如图 3-1 所示，并将城市地下污水处理综合体空间模式的构成要素分为周边衔接、功能构成、空间组织三大类，如图 3-2 所示。

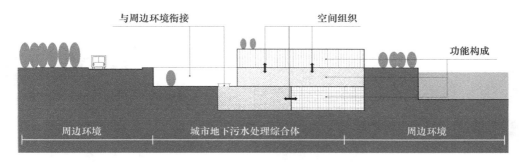

图 3-1　城市地下污水处理综合体研究范围

(a)周边衔接　　　　　　　　　　　　　　　　　(b)功能构成

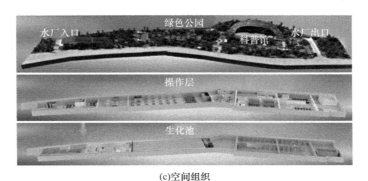

(c)空间组织

图 3-2　城市地下污水处理综合体空间模式构成要素示意图

3.3.1.1　周边衔接

地上地下一体化是城市地下污水处理综合体的发展趋势之一，因此应加强其与周边环境的衔接。通过现场调研和案例分析获得的资料可知，城市地下污水处理综合体与周边环境的衔接包括综合体与周边绿地景观、道路交通、地上地下建筑的衔接，以及综合体地面设施与周边环境的衔接。

贵阳青山污水处理及再生利用工程沿西侧设置慢行步道，与南明河衔接，如图3-3所示；深圳福田水质净化厂在上盖公园南北两侧设置天桥，与周边道路衔接，如图3-4所示；贵阳市彭家湾五里冲棚户区改造污水处理综合工程采用下沉广场与周边道路衔接，如图3-5所示；贵阳市贵医污水处理厂项目利用贵阳医学院的地下空间进行建设，并通过电梯等垂直交通设施与地上建筑衔接。

图3-3　青山污水处理及再生利用工程西侧慢行步道

图3-4　福田水质净化厂北侧天桥

图3-5　五里冲棚户区改造污水处理综合工程西南侧下沉广场

为了满足城市地下污水处理综合体物质交换与安全疏散的需求，有一些设施需要外露在地面，会对城市活动、地面交通、视觉景观带来一定的影响。笔者在2018～2020年期间对深圳市布吉水质净化厂及其上盖公园——德兴社区公园、深圳市福田水质净化厂、贵阳市青山污水处理及再生利用工程、贵阳市彭家湾五里冲棚户区改造污水处理综合工程四个城市地下污水处理综合体进行现场勘察，由调研获取的资料可知，城市地下污水处理综合体的地面设施主要包括疏散楼梯间、排气或通风设施、采光设施三类，如表3-3所示。

城市地下污水处理综合体地面设施比较　　　　　　　　　　　　　表3-3

项目名称	疏散楼梯间	通风或排气设施	采光设施
布吉水质净化厂及德兴社区公园			

项目名称	疏散楼梯间	通风或排气设施	采光设施
福田水质净化厂	—		
青山污水处理及再生利用工程			
五里冲棚户区改造污水处理综合工程			

由于城市地下污水处理综合体的实践工程较少，因此借鉴地下商业综合体、交通枢纽等相似工程与周边环境衔接的方式。商丘白云国际商业广场采用地下中庭连接地下商业空间与地面广场，并在中庭内布置扶梯和楼梯，如图 3-6 所示；深圳福田火车站通过地下通道与地铁站衔接，为人流的集散提供便利，如图 3-7 所示。

图 3-6　白云国际广场地下中庭

图 3-7　福田火车站地下公共通道

3.3.1.2　功能构成

城市公共游憩空间的缺乏是城市化进程中面临的难题之一，因此我国大部分已建或在建的城市地下污水处理综合体采用屋顶覆土的方式，在综合体顶部设置公共游憩空间，如深圳福田水质净化厂（一期）工程、贵阳青山污水处理及再生利用工程。地下停车和地下商业是我国早期地下空间开发利用的主要形式，在 20 世纪 90 年代以前就已经开始建设相关工程。鉴于我国消费需求增长和停车位短缺的现状，将地下商业、地下机动车库与地下式污水处理厂综合建设的工程开始出现，如位于贵阳市的贵医污水处理综合工程。笔者通过现场调研和文献收集总结了我国部分城市地下污水处理综合体的功能构成，如表 3-4 所示。由表 3-4 可知，我国城市地下污水处理综合体已经实现了地下式污水处理厂与城市绿地、地下商业、地下机动车库、地下公交站的综合建设。

城市地下污水处理综合体功能构成示例　　　　　　　　　　　　表 3-4

项目名称	功能构成
布吉水质净化厂	污水处理厂、社区公园
洪湖水质净化厂	污水处理厂、景观公园
福田水质净化厂（一期）	污水处理厂、体育健身公园
南布净水站	污水处理厂、水景广场、屋顶活动平台
青山污水处理及再生利用工程	污水处理厂、休闲公园、科普教育基地
五里冲棚户区改造污水处理综合工程	污水处理厂、商场、停车库、公交枢纽站、休闲公园
贵医污水处理综合体工程	污水处理厂、商场、停车场
南翔下沉式再生水厂	污水处理厂、绿地公园
天府新区第一污水处理厂	污水处理厂、活水公园
通州碧水下沉式再生水厂	污水处理厂、生态公园

　　在笔者进行半结构型访谈的过程中，多位专家表示，只要污水处理厂的运行不对其他空间产生干扰，且工程技术可以满足地下综合体的建设需求，污水处理厂就可以和很多功能空间综合建设。笔者提取专家访谈内容中与城市地下污水处理综合体功能构成相关的内容，整理后的结果如表 3-5 所示。

被访谈专家对城市地下污水处理综合体功能构成的观点总结　　　　　表 3-5

被访谈者	功能构成观点
专家 A	地上景观设施；商业、住宅等建筑；停车场、公交站、道路等交通设施；运动场、文体公园等文娱设施；垃圾中转站、汽车洗修厂、微型消防站等设施；科教功能
专家 B	酒店、商场、办公、车库、文体设施、展览等
专家 C	公园、停车库等城市公共设施；商业中心；科普空间
专家 D	绿地、商场、停车场、公交站等与污水处理厂建设工期相差不多的功能
专家 E	停车库、公交站等市政交通场站；住宅、商场等
专家 F	科普展览、地下停车、建筑机房、储藏、办公
专家 G	科教展览、商业、地下停车
专家 H	商业、停车等设施；科普教育空间；对城市环境有害的设施，如殡葬设施
专家 I	公交首末站、公交、停车场等
专家 J	在满足工程要求的情况下，很多功能都可以与污水处理功能复合

　　城市地下综合体建设是解决城市建设困境、推动城市集约化发展的有效途径之一，为了达到这个目标，城市地下污水处理综合体包含的功能应与城市发展现状、城市规划和未来趋势密切相关。缓解城市交通拥堵、停车困难、公共空间不足的困境，顺应发展高质量综合管廊、地下物流的趋势，建设以人为本、健康宜居的城市是城市地下污水处理综合体的建设目标。地下空间的开发利用应使其公共效益得到最大限度的发挥，且应优先安排公共服务、交通、市政、人防等设施。

　　笔者综合案例分析、专家访谈和政策规范解读获得的资料，选取地下式污水处理厂、地下生活垃圾转运站、地下机动车库、地下公交首末站、商业空间、综合管廊、城市道路、城市绿地、科普空间 9 种功能类型的空间，并对其功能类型进行划分，如图 3-8 所示，将城市地下污水处理综合体的功能构成划分为商业功能、交通功能、市政功能、绿地功能、科普功能五类。其中，交通功能包括地下机动车库、地下公交站、城市道路，市政功能包括综合管廊、地下式污水处理厂、地下生活垃圾转运站。

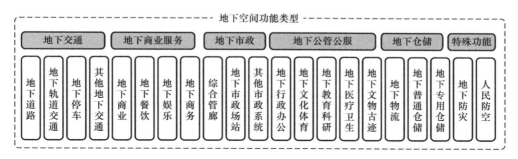

图 3-8　地下空间功能类型

3.3.1.3　空间组织

城市地下污水处理综合体的空间组织包括分层体系和功能关系两部分。

1. 分层体系

城市地下污水处理综合体内各功能的属性、空间形态、与地面联系的频率、对环境的污染程度等都会影响该功能的流线组织和与其他空间的相互关系。与地上空间不同，地下空间较为封闭，缺少绿化，并且随着竖向维度的延伸，自然采光和自然通风的效果逐渐降低，空间可达性也逐渐降低。与更深层的地下空间相比，地下综合体的上部空间与外界环境的接触面积更大，可以引入更多的日光和自然景观，空气质量也较好，利于为使用者提供更好的物理环境。因此，对于人员停留时间长、人流量大、与地面联系密切的功能空间，应当布置在地下污水处理综合体的上部，以方便人流的疏散，如商业空间。城市综合管廊多利用道路的地下空间进行建设，或者结合绿化带进行建设。因此，城市综合管廊也设置在城市地下污水处理综合体的上部空间。对于人员停留时间较短、使用目的单一的功能，可以布置在地下污水处理综合体的中部，如公交首末站和车库。人员活动较少、对环境污染较大的空间通常布置在地下综合体的下部空间，如污水处理厂和生活垃圾转运站。这类空间的使用者一般为工作人员，具有人员数量少、活动频率低、活动类型少的特点，因此对空间环境的要求较少。

2. 功能关系

功能关系是由不同功能之间的相互作用产生的，这种相互作用可以是直接的，也可以是间接的。通过研究各功能的特征，将城市地下污水处理综合体内的功能关系分为中性关系和相关关系两种，具有相关关系的功能之间存在直接的相互作用，而具有中性关系的功能之间不存在直接相互作用。按照作用类型将相关关系进一步分为正相关关系和负相关关系。若两种功能的联系对其中一方或双方有利，则为正相关关系，若两种功能的联系对其中一方或双方有害，则为负相关关系，城市地下污水处理综合体中各功能之间的相关关系如图 3-9 所示。

生活垃圾转运站、污水处理厂、综合管廊、城市绿地的综合建设可以实现城市水资源的循环利用和生活垃圾的及时处理，减少对城市环境的污染，如图 3-10 所示。在城市绿

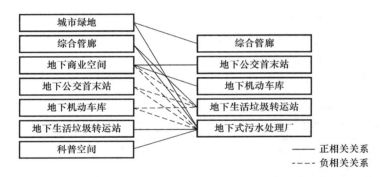

图 3-9　城市地下污水处理综合体内部功能之间的相关关系

地的建设中引入"海绵城市"的理念，通过河流、草地、水沟、透水铺装等增加雨水的下渗，然后通过管道收集雨水至污水处理厂进行净化处理，最后输送至相应地点，用于浇灌植物、清洗路面等。在降雨量较大时，通过管道将收集的雨水排入雨水调蓄舱，可提升城市应对洪涝灾害的能力，如图 3-11 所示。气力垃圾收集系统通过管网完成周边垃圾的收集，将收集的垃圾进行压缩后由专门的车辆运往垃圾处理站。在垃圾压缩过程中产生的污水通过管道输送至水处理构筑物层进行处理，污水处理厂处理后的水可以通过管道输送至生活垃圾转运站，用于垃圾运输车辆的冲洗和场地的清洁等。在生活垃圾转运站设置臭气收集系统，将收集的臭气通过管道输送至污水处理厂的除臭装置，并将处理后达标的气体经排气设施排放，从而减少工程投资。

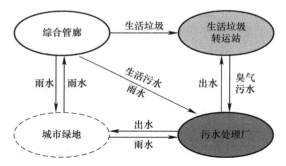

图 3-10　生活垃圾转运站、污水处理厂、
综合管廊、城市绿地相关关系示意图

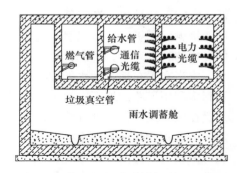

图 3-11　具有雨水调蓄功能的综合管廊

　　城市地下商业空间可容纳百货零售、餐饮、生活服务等多种商业业态，功能种类丰富，交通流线复杂，人流量和车流量较大。为地下商业空间配建地下停车库，可以满足大量的停车需求，避免出现"停车难"的问题。可达性是影响商业经济效益的重要因素之一，将公交首末站与地下商业空间合建可以增加商业空间的可达性，提高对人流的集散能力，进而促进商业的发展。同时，商业的发展也会进一步增加人们对交通场站的需求。综上所述，商业空间与机动车库、公交首末站之间存在正相关关系。

　　利用污水处理厂的出水布置水体景观，向人们展示污水处理的成果，凸显城市地下污水处理综合体的特征。同时，结合污水处理厂的功能布局和空间特征设置参观流线，让人们近距离了解污水处理流程。因此，污水处理厂与科普空间之间存在正相关关系。

城市绿地、商业空间、机动车库、公交首末站的人员活动较为频繁，对空间品质的要求较高，而污水处理厂在污水处理和污泥运输过程中会对周边环境产生不良影响，生活垃圾转运站在垃圾压缩和运输过程中也会产生臭气，不仅会污染城市环境，也会对相邻的其他功能空间产生负面影响。因此，污水处理和生活垃圾转运与商业、交通功能之间存在负相关关系，应将地下式污水处理厂和生活垃圾转运站与其他空间分开布置，从而减少对其他功能的干扰。

综上所述，城市地下污水处理综合体空间模式的构成要素包括周边衔接、功能构成、空间组织三类，具体内容如表 3-6 所示。

城市地下污水处理综合体空间模式构成要素　　　　　　　　　　表 3-6

大类	小类	具体内容
周边衔接	与绿地景观的衔接	—
	与道路交通的衔接	—
	与其他建筑的衔接	与地上建筑的衔接
		与地下建筑的衔接
	地面设施与周边环境的衔接	地面疏散楼梯间与周边环境的衔接
		地面采光设施与周边环境的衔接
		地面排气或通风设施与周边环境的衔接
功能构成	商业功能	商业空间
	市政功能	地下式污水处理厂
		地下生活垃圾转运站
		市政管廊
	交通功能	地下机动车库
		地下公交首末站
		地面道路
	绿地功能	公园绿地
		广场用地
	科普功能	空间形式
		参观流线
空间组织	分层体系	竖向维度层级划分及主要功能
	功能关系	中性关系
		相关关系（正相关关系、负相关关系）

3.3.2　空间模式的类型

由前文可知，城市地下污水处理综合体的空间模式由周边衔接、功能构成、空间组织三个构成要素共同构建，体现了综合体的复合性、整体性特征。无论是植物水体、建（构）筑物，还是交通流线、社会活动，都是城市地下污水处理综合体中不可或缺的一部分，并对综合体的空间模式产生影响。城市地下污水处理综合体以地下式污水处理厂为核心，并与城市绿地、道路、综合管廊、商业空间、地下机动车库、地下公交首末站、地下生活垃圾转运站等空间综合建设，是一个多功能复合的空间。由于不同功能的空间形态和功能关系不同，城市地下污水处理综合体在功能布局、空间营造、与城市空间的联系等方面与其功能类型具有密切的关系。不同空间模式的城市地下污水处理综合体均包含地下式污水处理厂，因此其他空间的功能类型是使不同空间模式的城市地下污水处理综合体具有不同特征的根本原因。本书根据除污水处理功能之外的功能类型，将城市地下污水处理综合体划分为游憩服务型、商业服务型、市政交通型三种空间模式，如图 3-12 所示。

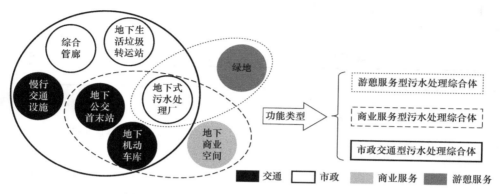

图 3-12　城市地下污水处理综合体空间模式分类

　　游憩服务型污水处理综合体采用地下式污水处理厂的结构形式，可有效避免传统污水处理厂的"邻避效应"。城市公园、广场、园林景观等工程的建设既可以保护城市生态环境，又可以为人们提供游憩场所，具有较大的吸引力。在城市高密度发展的情况下，公园、广场更是成为紧缺资源。因此，在需要提升周边土地价值的地区建设污水处理厂时，可建设污水处理功能与游憩功能复合的游憩服务型污水处理综合体。贵阳青山污水处理及再生利用工程位于贵阳市"母亲河"南明河畔，该工程中的青山再生水厂采用全地下式的结构形式，地面建设为环境优美的文体公园，贵阳市水环境科普馆也位于公园内，使周边的土地价值得到大幅度提升，如图 3-13 所示。

图 3-13　青山再生水厂地面文体公园及
水环境科普馆

（图片来源：http://www.cwewater.com/news_lists
508.html）

　　当污水处理厂建设地区人口密度或人流量较大，现有商业空间不能满足片区的消费需求且周边可建设用地不足时，可开发利用城市地下空间，将商业与污水处理功能复合，建设商业服务型污水处理综合体。商业服务型污水处理综合体以商业功能为主，可以完善周边地区的商业网络，并在片区内形成一定的商业影响力。同时，为了满足商业空间人流集散和货物运输的交通需求，需要建设地下机动车库和公交首末站，也可以为商业增加人气。目前我国已建成的商业服务型污水处理综合体包括五里冲棚户区改造污水处理综合工程，数量较少。该项目位于五里冲片区的核心位置，项目周边为高密度居住区，人口密度大，消费需求高，但现状多在住宅底部设置小型零售商铺，缺少大型商业中心，如图 3-14 所示。综合考虑片区商业与市政交通的需求，开发商与相关部门将污水处理与商业、机动车停车、公交接驳多个功能复合建设。

图 3-14　五里冲棚户区污水处理综合工程周边现状分析图

市政交通型污水处理综合体可以统筹污水处理厂、生活垃圾转运站等市政设施和机动车库、公交首末站等交通设施的建设，适宜建设在交通发达、人员流动较大的地区。将综合体的功能与周边道路交通和其他市政功能统筹规划，可以构建高效的市政服务体系，提高综合体的社会效益。目前我国没有已建成的市政交通型污水处理综合体，但交通枢纽工程的功能构成与其类似，且实现了交通设施的统筹建设和高效运行，可以为市政交通型污水处理综合体的建设提供参考。上海虹桥综合交通枢纽周边交通网络发达，实现了出租车待客点、停车库、地铁站、高铁站等市政场站的综合建设，为人们的出行提供了便利。

3.4　空间模式的建构

由前文可知，城市地下污水处理综合体空间模式的构成要素包括周边衔接、功能构成、空间组织三类。本节将对城市地下污水处理综合体不同空间模式的构成要素特征进行分析，建构不同空间模式的城市地下污水处理综合体。

3.4.1　游憩服务型污水处理综合体空间模式

3.4.1.1　提供游憩便利的衔接目的

游憩空间缺乏是城市发展过程中面临的难题之一，提高游憩空间的品质和可达性具有十分重要的意义。为人们进行游憩活动提供便利是游憩服务型污水处理综合体与周边环境衔接的目的。

由于城市道路的规划设计与城市游憩空间的开发时序难以同步，很多位于城市中的游憩空间存在与城市交通不协调的现象，各游憩空间之间也多为相互独立的状态，在一定程度上阻碍了人们进行日常游憩活动。笔者对已建成的游憩服务型污水处理综合体进行现场调研，根据获取的资料，将提高综合体游憩便利性的方式分为三种，一是将游憩服务型污水处理综合体的游憩空间与周边道路衔接，为周边人群提供交通便利，从而将人流引导至综合体内的公共游憩空间，如深圳福田水质净化厂（一期）工程；二是将游憩服务型污水处理综合体中的游憩空间与周边其他城市景观、绿地衔接，扩大游憩空间的规模，从而增强游憩空间的辐射范围，如贵阳市青山污水处理及再生利用工程；三是尽量选择小尺度的地面设施，使游憩空间的面积尽可能增加，同时避免地面设施的设置为游憩空间的使用者带来安全问题。

3.4.1.2 满足休闲健身的功能构成

游憩服务型污水处理综合体功能构成较为简单，由污水处理与城市开放绿地两部分构成。此种类型的综合体不仅可以满足污水处理功能，也可以为民众提供游憩活动场所。

1. 地下式污水处理厂

游憩服务型污水处理综合体中的污水处理厂按照结构形式分为全地下式污水处理厂和半地下式污水处理厂。地下式污水处理厂包括厂前区和生产区，为了更好地满足工作人员的生理和心理需求，厂前区通常位于地面，布置综合楼、广场、员工宿舍、仓库等功能空间。生产区在竖向维度上分为两部分，分别为设备操作层和位于其下方的水处理构筑物层。在日常生产过程中，工作人员主要在设备操作层完成日常巡视和设备检修等工作，水处理构筑物层主要布置水工构筑物，也会布置少量操作机房，定期有人员进入该层进行检修维护，大部分时间处于无人状态。污水处理厂各层层高应满足各处理构筑物的运行需求。布吉水质净化厂地下一层设备操作层的层高为 6.5～8.0m，地下二层层高为 8.5～10m。青山再生水厂地下一层设备操作层层高为 3.5～5.5m，地下二层层高为 5.35～7.35m，如图 3-15 所示。

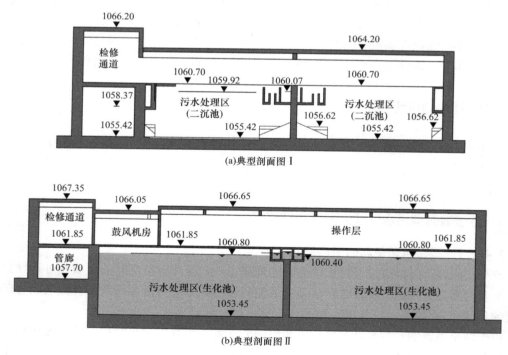

(a)典型剖面图 Ⅰ

(b)典型剖面图 Ⅱ

图 3-15 青山再生水厂典型剖面图

(图片来源：中国市政工程西北设计研究院有限公司提供)

2. 城市绿地

城市绿地包括公园绿地、防护绿地、广场用地和附属绿地。其中，防护绿地因其具有隔离、安全等功能一般不对外开放，附属绿地与其他功能类型的用地复合，区域绿地不在城市建设用地之内。上述三类城市绿地不能为城市提供开放的游憩空间，与游憩服务型污水处理综合体的建设目的相矛盾，因此不作为该类综合体中城市绿地的研究对象。公园绿地和广场用地均可以为市民的游憩活动提供公共场所，满足游憩服务型污水处理综合体的建设需求，其具体内容如表 3-7 所示。

游憩服务型污水处理综合体绿地分类   表 3-7

大类	中类	具体内容
公园绿地	综合公园	有完善的游憩和配套管理服务设施
	社区公园	用地独立，有基本的游憩和服务设施
	游园	用地独立、规模较小或形状多样
	专类公园	内容或形状特定，有相应的游憩和服务设施
广场用地	——	公共性强，有游憩、纪念、集会和避险等功能

城市中建设的社区公园宜大于 1hm²，带状游园的宽度宜大于 12m，游园和专类公园中的游乐公园、其他专类公园（如儿童公园）的绿化占地比例不应小于 65%，与公园绿地相比，城市中广场用地的绿化程度一般较低，但不宜小于 35%。

3.4.1.3 生产生活分离的空间组织

游憩服务型污水处理综合体由地下式污水处理厂和城市绿地叠加而成，空间格局较为简单，主要生产环节位于地下空间，员工生活办公和周边人群游憩的空间位于地上空间。根据游憩场所在污水处理厂中的位置将游憩服务型污水处理综合体分为地面游憩型和屋顶游憩型两类。

1. 地面游憩型污水处理综合体

地面游憩型污水处理综合体的污水处理厂主要构筑物全部位于地下空间，工作人员的日常巡视检修工作均需在地下空间完成。通过访谈可以知道，工作人员在地下空间的工作不是连续进行的，每个工作日在地下空间的工作总时长为 2～4h，可以很好地削弱地下空间对工作人员的负面影响。结合污水处理厂的工作特征和污水处理综合体的功能构成，地面游憩型污水处理综合体地面为办公生产区和开放城市绿地，地下一层为设备操作层，地下二层为水处理构筑物层，如图 3-16 所示。

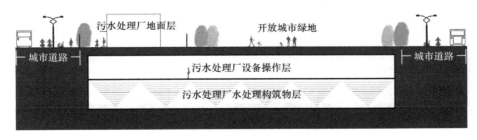

图 3-16 地面游憩型污水处理综合体剖面示意图

在平面功能布局上，地面游憩型污水处理综合体将污水处理厂的厂前区和一些附属生产设备集中布置在地面，与社区公园、体育健身公园、广场等城市绿地之间通过围墙和绿化分隔，地下一层为污水处理操作区，平行于长边在中部布置或沿长边布置安全通道，此通道兼做车行和人行道路，也是连接各生产区域的主要道路，如图3-17所示。

(a)总平面示意图　　(b)地下一层平面示意图　　(c)地下二层平面示意图

图 3-17　地面游憩型污水处理综合体平面示意图

综上所述，地面游憩型污水处理综合体由位于地下二层的水处理构筑物层、地下一层的设备操作层、位于地面的污水处理厂厂前区和开放城市绿地空间叠加而成，其空间组织示意图如图 3-18 所示。

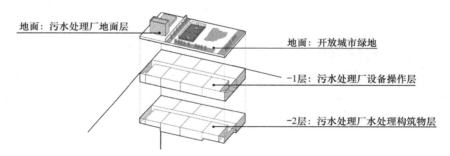

图 3-18　地面游憩型污水处理综合体空间组织示意图

深圳市布吉水质净化厂为典型的地面游憩型污水处理综合体。该污水处理厂的主要生产功能空间位于地下空间，地下共 2 层。其中，地下一层为污水处理厂的设备操作层，地下二层主要布置生化池和相关设备管线，如图 3-19 所示。该工程地面包括污水处理厂的办公生产区和对外开放的德兴社区公园，其中，办公生产区包括厂前区和辅助生产区，集中布置在粤宝路与西环路交叉口北侧；德兴社区公园位于办公生产区的北侧，两区域通过围墙和乔木进行分隔，如图 3-20 所示。

图 3-19　布吉水质净化厂剖面示意图

2. 屋顶游憩型污水处理综合体

屋顶游憩型污水处理综合体由半地下式污水处理厂和绿地或广场构成。在竖向维度上，屋顶游憩型污水处理综合体地下一层为水处理构筑物层，地面为办公生产区，上盖屋

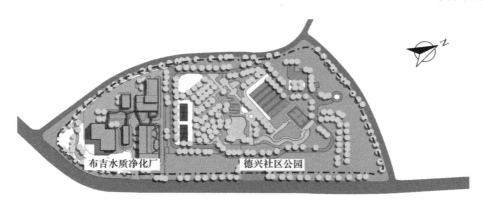

图 3-20　布吉水质净化厂总平面示意图

顶建设为公园或广场，如图 3-21 所示。

图 3-21　屋顶游憩型污水处理综合体剖面示意图

　　污水处理操作区占地面积较大，为污水处理的核心环节，因此，在污水处理综合体的总平面布局中，应以污水处理操作区为核心空间，生活区、污泥处理区等应围绕操作区布置或与其并列布置。按照空间布局形式，将污水处理厂内的其他区域与污水处理操作区的空间关系分为包围式、半包围式、拼接式三种，如图 3-22 所示。操作区的屋顶覆土后可以建设体育公园、儿童公园、休闲广场等开放城市绿地。

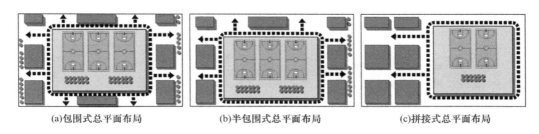

(a)包围式总平面布局　　　　　(b)半包围式总平面布局　　　　　(c)拼接式总平面布局

图 3-22　屋顶游憩型污水处理综合体总平面示意图

　　综上所述，屋顶游憩型污水处理综合体由位于地下的水处理构筑物层、位于地面的污水处理厂厂前区及设备操作层、位于屋顶的开放城市绿地叠加而成。以包围式总平面布局形式的屋顶游憩型污水处理综合体为例，其空间组织示意图如图 3-23 所示。

　　已投入使用的深圳市福田水质净化厂（一期）工程为典型的屋顶游憩型污水处理综合体。该净化厂的总平面呈半包围式布局形式，厂区功能布局综合考虑场地高差和污水处理的工艺流程，由北向南依次布置污水预处理区、污水处理区和深度污泥处理区三个区域，

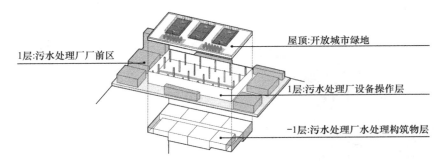

图 3-23　屋顶游憩型污水处理综合体空间组织示意图

厂区靠近红树林路一侧为厂前生活管理区，包括办公楼、员工宿舍等建筑，如图 3-24 所示。厂区中部的地下空间为水处理构筑物层，地面为设备操作层，其上盖屋面覆土后布置足球场、儿童活动区等场地并对外开放，如图 3-25 所示。

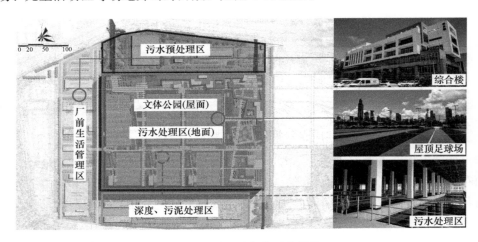

图 3-24　厂区功能分区示意图

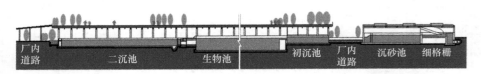

图 3-25　福田水质净化厂（一期）南北向剖面示意图

（图片来源：福田水质净化厂提供）

3.4.2　商业服务型污水处理综合体空间模式

3.4.2.1　增强商业吸引力的衔接目的

商业服务型污水处理综合体的建设有助于完善地区的商业网络，具有一定的商业影响力。商业空间为盈利空间，为了提高商业服务型污水处理综合体的综合效益，应加强其与周边环境的衔接，凸显商业特色，从而提高综合体的空间活力和经济效益。

此种空间模式的地下污水处理综合体以商业为主要功能，人流量大，综合体的空间活力强。商业空间作为满足人们消费行为的重要公共空间，应能满足人们多元化的生活需求。通过引入社会活动、强调空间主题等方式，增强与周边环境的衔接，在满足人们行为需求的基础上，为人们提供归属感，可以为商业服务型污水处理综合体吸引更多的人流，从而提高综合效益。商业服务型污水处理综合体的设计应与周边环境特色结合，梳理周边环境的鲜明特点，提取相关符号并运用到与周边环境衔接的空间中，有利于展现区域形象，并强调商业服务型污水处理综合体的特色。此外，将商业服务型污水处理综合体中地下商业的主题特色延伸至地面或相邻的地下空间，既可以提高地面设施的艺术性，为人们提供良好的视觉景观，又有利于增强商业吸引力，提升商业服务型污水处理综合体的整体效益。

城市地下商业综合体的功能及空间特征与商业服务型污水处理综合体相似，综合体与周边环境的衔接方式也相似。笔者采用现场调研和案例分析的方法，对已建成的城市地下商业综合体的优秀案例和商业服务型污水处理综合体的实践工程进行分析，总结出综合体与周边环境衔接的主要方式：一是通过下沉广场或庭院、地下中庭与周边绿地景观、道路衔接，如广州珠江新城春广场中的地下中庭；二是采用地下公共空间或电梯等垂直交通设施与周边其他建筑衔接，如深圳市壹方城购物中心的公共通道；三是提取周边环境特色和商业特点，与地面设施的设计相结合。

3.4.2.2 提供商业服务的功能构成

商业服务型污水处理综合体以商业功能为主，并与机动车停车、公交运输、污水处理功能复合。综合体中各功能特征如下：

1. 商业空间

商业服务型污水处理综合体中的商业空间包括地上和地下两部分，其空间规模应考虑区域发展水平、项目规划定位、用地条件等因素。在商业建筑的规划设计中，应配套建设机动车库，且宜与城市地面建筑、周边交通站点和地下空间的其他建筑进行统一规划、综合建设，以提高城市空间的利用效率。在竖向维度上，地下商业空间顶板的埋深应考虑市政管线的铺设和顶板绿化的类型，且应同时满足相关规范和当地对于地下管线和城市绿化的相关规定。为了提高地下商业空间的经济性，其层高一般取 5～6m。按照建筑形态，可以将地下商业空间分为集中式购物中心和延伸式地下商业街两种类型。按照商业空间的业态布局，可将其分为一字形、回字形和放射状三种，如图 3-26 所示。地下购物中心一般不超过两层，并紧邻地下车库布置，以方便人流的集散和货物的运输。按照建筑面积的大小将地下购物中心分为大型、中型和小型三种规模，其店铺组成和服务半径如表 3-8 所示。地下商业街为线状布局形式，一般布置在地下一层，且与其他地下工程如地铁站、停车场、展览馆综合建设。

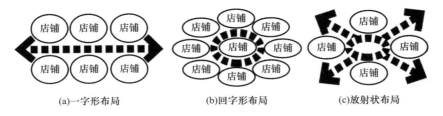

(a)一字形布局　　　　　(b)回字形布局　　　　　(c)放射状布局

图 3-26 商业空间业态布局

地下购物中心分类 表 3-8

类别	规模（万㎡）	店铺组成	服务半径（km）
大型	>5	主力店、杂货店、餐饮、文化娱乐、体育场所等组成的购物中心、商业综合体	10～30
中型	>2 且≤5	小型百货店、超市、杂货店、专卖店等	5～10
小型	≤2	超市、杂货店等	≤5

2. 地下机动车库

商业服务型污水处理综合体中的地下机动车库的建设规模应满足商业空间和社会车辆的停车需求。当机动车库的停车当量大于 50 辆，属于中型及以上规模的停车库时，其建设基地宜与城市道路相邻或设置连接城市道路的通道。在车库高度方面，其停车区域的净高不应小于 3.4m，若建设机械式机动车库，复式机动车库底坑一层停车设备的高度应为 1.9～2.1m。

3. 地下公交首末站

公交首末站具有客流集散、车辆停放、运营调度等多种功能。首末站包括首站和末站，二者既可以依据公交运行线路独立设置，也可以在环线线路中合建。公交首末站的规模取决于运营车辆的总数，每辆标准车的用地面积一般按照 100～120m² 进行计算，且首末站的占地面积宜大于 1000m²。公交首末站的建设应结合实际情况设置非机动车和机动车的停车场所，以满足人们换乘其他交通工具和存放车辆的需求，也可以将公交首末站与停车库综合建设。

4. 地下式污水处理厂

商业服务型污水处理综合体中的污水处理厂为全地下式污水处理厂，其员工办公、住宿等场所则宜设置在地面。在功能布局上，环境工程领域的专家表示，地下式污水处理厂的功能空间按照污水处理流程布置，多数为对称布局，将需处理的污水分成两部分，既可以减少污水处理压力，也可以保证检修时污水处理工作的进行。由于地下式污水处理厂在生产运行过程中会产生污染，在与其他功能空间综合建设时，应将生产区域独立设置，避免对其他空间产生干扰。

3.4.2.3 提升商业活力的空间组织

商业服务型污水处理综合体由全地下式污水处理厂、地下机动车库、地下公交首末站、地下商业空间和地上商业建筑或城市绿地五部分构成。为了提高商业效益，可将地下与地面空间结合，建设具有一定规模的商业空间，从而吸引更多的人流。其中，地下商业空间、地下机动车库、地下公交首末站应集中布置，以满足商业空间的集散需求，并为来往人员提供商业服务，有利于提高综合体的空间活力。由于上述三种功能空间的人流量较大，与地面空间的联系较为密切，将其布置在综合体的上部空间。商业服务型污水处理综合体的空间分层如图 3-27 所示。

在平面布局中，商业服务型污水处理综合体的地面可根据区位条件布置公园、广场或其他公共建筑，机动车库应开设直接通向商业空间和公交首末站的韧性出入口。各功能的配套管理用房根据实际用地情况和功能布局设置在地面或地下一层。商业服务型污水处理综合体的平面布局模式如图 3-28 所示。

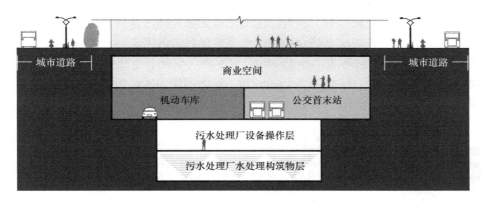

图 3-27　商业服务型污水处理综合体剖面示意图

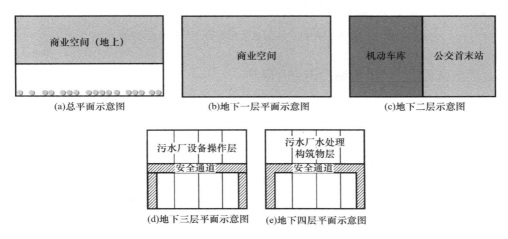

图 3-28　商业服务型污水处理综合体平面示意图

　　综上所述，商业服务型污水处理综合体上部为人员活动较多的商业空间，中部为机动车库和公交首末站，下部为地下式污水处理厂，其空间组织示意如图 3-29 所示。

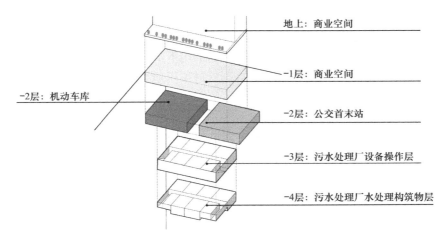

图 3-29　商业服务型污水处理综合体空间组织示意图

五里冲棚户区污水处理综合工程为已建成的商业服务型污水处理综合体，该综合工程地面为市政公园，地下共四层，结合场地的地质地形和防洪需求，自上而下分别布置层高为 6m 的商业配套用房、层高为 7.5m 的机动车库和公交站、五里冲再生水厂，其中地下三层为水厂的设备操作层，层高为 5.5～7.4m，地下四层为水厂的水处理构筑物层，其生化池平均水深约 7.6m，如图 3-30 所示。

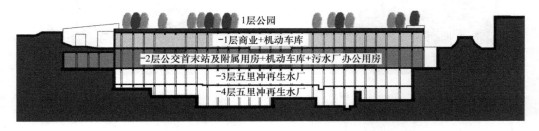

图 3-30　五里冲棚户区污水处理综合工程剖面示意图

3.4.3　市政交通型污水处理综合体空间模式

3.4.3.1　提升交通安全性的衔接目的

由于市政交通型污水处理综合体地下空间包括公交首末站、机动车库、污水处理厂、生活垃圾转运站等多种功能，具有人流量大，交通流线复杂的特征，应协调与周边环境的关系，统筹市政与交通设施的建设。

城市地下污水处理综合体的发展时间较短，目前尚未建成市政交通型污水处理综合体。我国交通综合体的功能空间与市政交通型污水处理综合体相似，其与周边环境的衔接方式可以为本研究提供借鉴，笔者通过分析交通枢纽的实践案例，总结出如下衔接方式：一是结合空间形态，在综合体与周边环境之间营造特色鲜明的公共空间，增强空间识别性，帮助行人和车辆驾驶员建立良好的方向感；二是在综合体内部与周边环境之间设置具有一定规模的公共空间，为人流和车流的集散提供缓冲空间；三是统筹地面道路和地面设施的规划与建设，保障行人和车辆的通行安全。因此，可以将市政交通型污水处理综合体与周边环境的衔接方式分为设置特色鲜明的公共空间、为人流集散提供规模较大的缓冲空间、统筹地面交通与外露地面设施的建设三种。按照空间形态，将市政交通型污水处理综合体与周边环境衔接的空间要素分为三类：一是采用下沉广场或庭院的形式，如深圳福田站；二是采用地下中庭的形式，如深圳北站；三是采用地下公共空间的形式，如上海虹桥综合交通枢纽。

3.4.3.2　统筹市政交通的功能构成

市政交通型污水处理综合体包括市政公用设施和交通设施，其中市政公用设施包括地下式污水处理厂和地下生活垃圾转运站，交通设施包括地面道路、地下机动车库、地下公交首末站。地下机动车库、地下公交首末站、地下式污水处理厂的功能特征已在前文介绍，此处不再赘述。

1. 地面道路

位于市政交通型污水处理综合体地面的道路包括人行道路和车行道路两类。人行道路的设置应满足行人通行的需求，道路宽度与位置应综合考虑污水处理综合体的建设规模、功能布局及实际用地情况。随着城市功能的逐渐完善，城市中的人行道路的功能不再仅限于行人通行，而是与休闲健身、景观营造等功能复合，更好地满足人们的日常生活需求。车行道路的设置应满足不同车辆的行驶需求，根据污水处理综合体的车流量、功能布局、周边环境、道路等级等因素确定其宽度及布局。

2. 城市综合管廊

城市综合管廊是不可或缺的城市基础设施，其内部净高不宜小于 2.4m。我国自 1958 年开始建设城市综合管廊，经历了几十年的发展，各地陆续颁布了大量有关城市综合管廊建设的法律法规和政策标准，进一步推动了城市综合管廊的有序建设。统一规划城市综合管廊与其他利用城市地下空间的工程，可以实现空间的高效利用，减少投资成本。我国还将城市综合管廊与海绵城市建设、垃圾收集相结合，建设了雨水调蓄舱和气力垃圾收集系统，实现城市空间资源的统一规划、综合开发，减少城市建设对自然环境的污染。

3. 生活垃圾转运站

生活垃圾转运站的规模应考虑城市规模和发展特点。大型生活垃圾转运站应设置独立的生产管理和生活服务设施，占地面积为 10000～30000m²，中型生活垃圾转运站的用地面积为 4000～10000m²，而小型垃圾转运站的占地面积为 500～4000m²。生活垃圾气力输送系统也在我国多个城市得到了应用，该系统通过位于城市地下空间的管道将各垃圾收集点的垃圾运输至转运站，垃圾压缩后经集装箱运输至处理地点，大大提高了垃圾收集的效率，同时降低了对城市交通和环境的影响，其功能与生活垃圾转运站相似。本研究中的垃圾转运站可以实现生活垃圾的收集、转运，同时收集并处理生产过程中产生的废气，并将达标的尾气排放至空气中，减小对周边环境的影响。

3.4.3.3　促进良性互动的空间组织

将污水处理厂与垃圾转运站紧邻布置，可以共用臭气处理和排放系统，并通过管道实现水资源的循环，在两功能空间之间形成良性互动，如图 3-31 所示。由于该空间人员较少，将其布置在综合体下部。利用慢行系统中道路下方空间布置综合体管廊，可以快速收集路面雨水并实现土地资源的集约利用。公交首末站和机动车库由于人流量较大，布置在综合体上部。为了满足市政污水处理综合体中工作人员的工作和休息等需求，需要集中建设配套管理用房，包含会议室、监控室、办公室等。为了保证工作人员的生理和心理健康，为其提供品质更高的工作环境，应将配套管理用房建设在地面或地下一层。

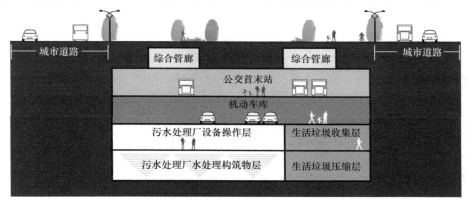

图 3-31　市政交通型污水处理综合体剖面示意图

在市政交通型污水处理综合体的平面功能布局方面，应统筹建设地面生态景观、海绵城市设施和城市慢行交通设施，综合规划自然景观、建（构）筑物与慢行道路，营造城市绿道空间。为了满足人们的乘车和换乘需求，在公交首末站内设置非机动车停车区。市政交通型污水处理综合体平面布局模式如图 3-32 所示。

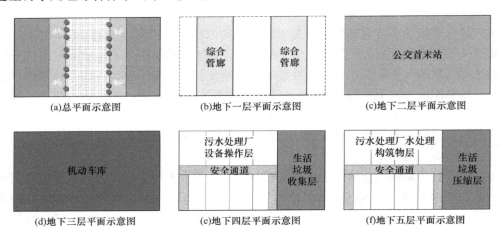

图 3-32　市政交通型污水处理综合体平面示意图

综上所述，市政交通型污水处理综合体统筹规划市政公用设施和交通设施，将具有相关关系的功能紧邻布置，并根据空间特点选择水平拼接或竖向叠加的空间组织形式。市政交通型污水处理综合体地下共五层，其空间组织示意如图 3-33 所示。

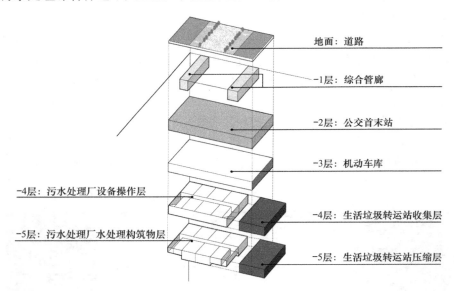

图 3-33　市政交通型污水处理综合体空间组织示意图

3.5　本章小结

本章论述了城市地下污水处理综合体空间模式的分类和建构过程。首先，采用专家访谈和案例分析的方法，提出周边功能需求、政策法规、人性化设计三种影响城市地下污水处理综合体空间模式的因素。其次，根据空间模式的影响因素，选取周边衔接、功能构成、空间组织作为空间模式的构成要素，并阐述每种构成要素的组成及特征。再次，根据功能类型的差异，从空间模式的角度将城市地下污水处理综合体分为游憩服务型、商业服务型、市政交通型三类。最后，按照空间模式的构成逻辑详述三种空间模式的建构过程。

第 4 章　城市地下污水处理综合体设计策略

本章将依据案例分析、现场调研和半结构型访谈获得的资料提出城市地下污水处理综合体的设计原则和针对周边衔接、功能构成、空间组织的设计策略。由于已建成的城市地下污水处理综合体数量有限，空间模式单一，笔者也通过借鉴优秀的商业、交通等综合体的设计手法，提出设计策略。

4.1　设计原则

4.1.1　周边衔接顺畅化原则

公共性与开放性是城市地下污水处理综合体的重要特征，作为城市空间的一部分，城市地下污水处理综合体需要不断地与城市进行人流、物流和信息流的交换。城市地下污水处理综合体的高效运转需要其他城市系统的支持，统筹综合体内部和外部空间之间的公共活动，才能使城市地下污水处理综合体具有"向城市开放的可能性和机会"。作为城市空间的重要组成部分，城市地下污水处理综合体应与其周边环境衔接顺畅。

加强城市地下污水处理综合体内部与周边环境的衔接，可以促进综合体的高效运转。结合不同空间模式的污水处理综合体的空间特征，采用在综合体与周边环境之间设置下沉广场、搭建空中廊道、铺设人行道路，以及结合综合体自身特征和城市环境设置具有不同特色的地面设施等方式，可以加强与周边环境的衔接，实现综合体与周边环境的一体化设计。

4.1.2　功能构成人性化原则

人是空间设计中的重要因素，对于城市地下空间而言，空间的人性化设计可以有效缓解人们对地下空间的排斥心理。因此，城市地下污水处理综合体的功能空间应遵循人性化设计原则，提高空间的安全性与舒适性。

4.1.2.1　安全性原则

城市地下污水处理综合体的大部分空间位于城市地表以下，空间的封闭性强，容易造成火灾等安全事故，且在灾害发生时，人员疏散较为困难。因此，城市地下污水处理综合体的安全性设计尤为重要。首先，不同功能空间的设计应当满足相关的法律法规、管理规定。其次，对于尚未成熟的建设体系、相关的政策法规不足的功能空间，其安全性设计可参考其他相似工程的相关规范，并根据其特征进行调整。

4.1.2.2　舒适性原则

空间舒适性是指空间环境给人的生理和心理带来的积极、满意的感受，提高空间舒适性可以为人们提供更好的空间体验，有效提高其吸引力和活力。首先，通过降低噪声影响、改善照明环境、提高地下空间的空气流动性、减少臭气污染等措施提高空间的物理环境品质。其次，根据人们的心理需求，通过引入自然景观、增强空间特色、明晰导向标识等措施改善使用者在地下空间活动时的心理感受，从而提高空间舒适度。

4.1.3　空间组织系统化原则

城市地下污水处理综合体的功能具有多样性的特征，包含交通、市政等功能，各功能空间之间具有一定的关联性，因此只有从整体层面对综合体的空间进行系统地组织，才可以提高空间识别性，实现高效的空间组织。

各功能空间的简单叠加是目前已建成的城市地下污水处理综合体工程存在的显著问题。不同功能空间独立设置，各功能之间无法形成良好的互动机制，大大降低了综合体的整体运行效率。由于内部空间缺乏系统的组织，城市地下污水处理综合体的整体交通流线尚需优化，空间识别性仍需加强。根据我国交通、商业等不同类型城市综合体的建设与运行经验可知，只有加强综合体整体的交通组织，提高空间识别性，才能更好地发挥空间的集聚效应，实现空间组织的系统性。

4.2　周边衔接顺畅化设计策略

城市地下污水处理综合体与周边环境的衔接包括综合体与绿地景观的衔接、综合体与道路交通的衔接、综合体与其他建筑的衔接以及综合体地面设施与周边环境的衔接。

4.2.1　与绿地景观的衔接

位于城市中的绿地和自然景观可以为人们提供游憩场所，体现地区环境特征，在城市空间的构成体系中具有重要的意义。近年来，随着城市立体化开发进程的不断推进，城市地下空间与地面空间的综合规划建设日趋成熟。利用地面公园、广场的下部空间建设地下综合体的方式可以降低开发成本，提高综合效益，受到越来越多的关注。加强城市地下污水处理综合体与城市绿地、自然景观的衔接，有利于推动周边环境的一体化设计。

由于游憩服务型污水处理综合体顶部为开放的公园绿地或广场用地性质的城市绿地，下部为全地下或半地下式污水处理厂，其与绿地环境的衔接是指综合体顶部绿地与周边绿地景观的衔接。商业服务型污水处理综合体主要利用地下空间实现多种功能空间的综合建设，其与绿地景观的衔接是指其地下空间与地上绿地景观的衔接。市政交通型污水处理综合体主要空间位于地下，地面布置道路交通，因此其与绿地景观的衔接是指综合体地下空间和地面道路交通与绿地景观的衔接。

通过设置联系要素可以实现城市地下污水处理综合体与周边绿地景观的衔接，包括功能衔接与形态衔接。通过下沉广场或庭院与地下中庭整合不同标高的空间，可以将地面景观和人流引入地下空间；通过天桥可以将周边绿地景观与综合体顶部的绿地衔接，形成具有一定规模的城市游憩空间。

4.2.1.1　通过下沉广场或庭院衔接

商业服务型和市政交通型污水处理综合体可以通过下沉广场或庭院将其地下空间与地面绿地、自然景观进行衔接。下沉广场或中庭内部包含楼梯、扶梯等垂直交通设施，结合下沉广场或庭院的空间形态布置植物、水体等景观，可以在竖向维度上实现景观延续，具有模糊空间边界的作用。

结合城市地下污水处理综合体的实际需求，可在地面布置一个或多个下沉广场或庭院，按照与综合体的相对位置，分为位于综合体边缘和位于综合体中部两种布局形式，如表 4-1 所示。由于城市地下污水处理综合体的实践案例较少，笔者通过借鉴其他类型地下建筑的设计手法提出设计策略。深圳万科云设计公社在不同位置设置多个不同尺度、不同形状的下沉庭院或下沉广场，作为连接地下空间与地面环境的过渡空间，如图 4-1 所示。其中，A4＋B2 地块在场地中央设置矩形下沉广场，该广场除担负交通功能外，还将室外楼梯、座椅、景观绿化综合设置，使其成为可以举办小型活动的户外剧场，加强了地下空间与地上空间的联系。

通过下沉广场或庭院衔接污水处理综合体与绿地景观的方式比较　　　　表 4-1

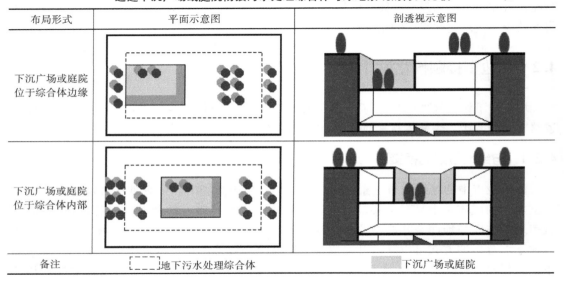

(a)下沉庭院

(b)A4+B2地块下沉广场

图 4-1　万科云设计公社下沉庭院或广场示例

4.2.1.2　通过地下中庭衔接

与下沉广场或庭院的功能特征相似，地下中庭可以在竖向维度上衔接地上与地下空间，适用于商业服务型和市政交通型污水处理综合体。地下中庭内布置扶梯等垂直交通设施，顶部多采用玻璃或张拉膜覆盖，以减少气候变化对地下空间的影响。作为地上环境与地下空间的过渡空间，地下中庭具有开放性与公共性的显著特征，可以加强地上、地下空间的交通和视觉联系，具有人流集散和景观延续的功能。广州珠江新城•春广场在广场中部设置地下中庭，中庭一侧设置扶梯连接地上与地下空间。中庭顶部为玻璃材质，在视觉上将外界环境引入到地下空间，该玻璃顶同时也是地面水池的池底，水池注水后成为广场的核心景观，如图 4-2 所示。商业服务型和市政交通型污水处理综合体可以借鉴上述案例，利用地下中庭衔接地上与地下空间，如图 4-3 所示。

(a)地下中庭垂直交通设施   (b)广场中部水池

图 4-2　广州珠江新城•春广场地下中庭及地面水池

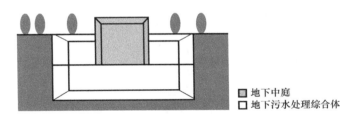

■ 地下中庭
□ 地下污水处理综合体

图 4-3　地下中庭衔接污水处理综合体与绿地景观示意图

4.2.1.3　通过天桥或步道衔接

游憩服务型污水处理综合体由顶部的公园绿地或广场与其下方的地下式污水处理厂共同构成。根据综合体结合类型分为地面游憩型和屋顶游憩型两种，分别通过天桥和步道将综合体顶部的绿地与周边其他城市绿地或自然景观衔接，可以使分散的绿地景观形成整体，为人们提供规模更大、内容更加丰富的游憩场所，如表 4-2 所示。

通过天桥或步道衔接污水处理综合体与绿地景观的方式比较　　　　　　　表 4-2

综合体类型	平面示意图	剖面示意图
地面游憩型污水处理综合体		

综合体类型	平面示意图	剖面示意图
屋顶游憩型污水处理综合体	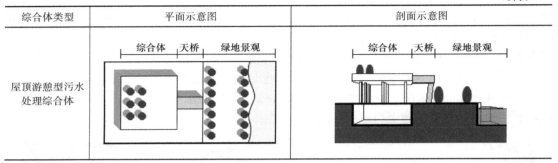	

贵阳市青山污水处理及再生利用工程为地面游憩型污水处理综合体，毗邻贵阳市"母亲河"——南明河建设。近年来，在水环境综合治理工程的推进下，南明河的水质得到了极大提升，优美的景观吸引了众多市民。青山污水处理及再生利用工程在综合体与南明河之间存在较大高差，该工程在二者之间设置坡道和慢行步道，为人们近距离观赏南明河景观提供便利，也使得河道景观和综合体地面景观联系更加密切，增强了绿地景观的整体性，如图4-4所示。

图 4-4　青山污水处理及再生利用工程与南明河之间步道

4.2.2　与道路交通的衔接

城市中的人口密度大，城市功能密集，各个城市功能之间都需要道路等交通设施进行衔接，因此交通需求高，交通网络也较为发达。通过设置不同的空间要素衔接城市地下污水处理综合体与周边道路交通，有利于提高地上与地下空间之间人流、车流交换的效率。衔接城市地下污水处理综合体地下空间与道路交通的空间要素包括坡道等垂直交通设施、天桥、下沉广场或庭院三类。

地面游憩服务型污水处理综合体地下空间为污水处理构筑物，主要使用者为污水处理厂工作人员，人流量小，通过坡道等垂直交通设施连接周边道路即可，这些设施一般占地面积较小，且呈分散式布局。因此，地面游憩型污水处理综合体仅采用垂直交通设施即可实现与道路交通的衔接。深圳布吉水质净化厂通过坡道连接地下空间与东侧粤宝路，车辆和厂区的工作人员均可通过该出入口进出地下空间，如图4-5所示。

在屋顶游憩型污水处理综合体中，考虑到厂区的安全与管理问题，市民进入屋顶绿地的流线不应与进入污水处理厂的流线交叉。因此，此种类型的综合体通过天桥连接周边道路交通与屋顶绿地，实现综合体与周边道路交通的顺畅衔接。深圳福田水质净化厂为典型的屋顶游憩型污水处理综合体，地面为封闭污水处理厂

图 4-5　布吉水质净化厂地下空间出入口

厂区，位于厂区中部的架空屋顶通过天桥连接屋顶公园和南北两侧市政道路，打通了北侧人才公园到南侧红树林鸟类自然保护区的游憩带，如图 4-6 所示。

　　商业是商业服务型污水处理综合体中的重要功能，商业空间既是消费场所，也要满足人们休息、游玩、交流等需求，功能较为丰富，人员停留时间较长。考虑到其人流量大的特点和对公共空间的需求，采用下沉广场等空间实现综合体与周边道路交通的衔接。五里冲棚户区改造污水处理综合工程为商业服务型污水处理综合体，该工程将地下一层购物中心的面积缩小，布置在场地的西北侧，在购物中心与延安南路之间设置下沉广场，为周边居民和消费者提供公共空间，如图 4-7 所示。

图 4-6　福田水质净化厂天桥、坡道及
周边环境的关系

图 4-7　五里冲棚户区改造污水处理
综合工程下沉广场

　　市政交通型污水处理综合体人流量较大，但空间使用目的较为单一，人们不需要在综合体周边进行长时间停留，因此可结合场地现状采用垂直交通设施、下沉广场或庭院与周边道路交通衔接。由于目前缺少此种空间模式的污水处理综合体，可借鉴城市地下交通工程的设计手法。深圳市滨河大道 1# 地下通道通过楼梯与道路衔接，实现人流的集散，如图 4-8 所示；深圳市福田交通枢纽紧邻道路设置下沉庭院，作为地面与地下空间的过渡空间，具有人流集散的功能，可以缓解大量人流对地面交通造成的干扰，如图 4-9 所示。

图 4-8　滨河大道 1# 地下通道出入口

图 4-9　福田交通枢纽下沉庭院

　　根据不同空间模式的城市地下污水处理综合体的特点，采取不同的方式与城市道路交通衔接，实现一体化设计，如表 4-3 所示。

城市地下污水处理综合体与周边道路衔接的方式比较　　　　　表 4-3

综合体类型	衔接方式	平面示意图	剖透视示意图
地面游憩型污水处理综合体	仅通过垂直交通设施		
屋顶游憩型污水处理综合体	通过天桥		
商业服务型污水处理综合体	通过下沉广场或庭院		
市政交通型污水处理综合体	仅通过垂直交通设施		
市政交通型污水处理综合体	通过下沉广场或庭院		
备注	[ ] 地下污水处理综合体　　　　空间要素　　　　道路		

4.2.3　与其他建筑的衔接

　　城市空间的开发利用是一个完整的体系，应统筹地下空间与地上空间以及地下各空间之间的综合建设。按照建筑位置将污水处理综合体与周边其他建筑的衔接分为与地上建筑的衔接和与地下其他建筑的衔接。通过设置垂直交通设施或地下中庭可实现综合体与地上建筑的衔接，通过设置垂直交通设施、下沉广场或庭院、地下公共空间可实现综合体与地下其他建筑的衔接。地面游憩型污水处理综合体地下空间为污水处理构筑物，为了保障安全和方便管理，污水处理厂单独设置，因此城市地下污水处理综合体与地下其他建筑的衔接不包括地面游憩型污水处理综合体。屋顶游憩型污水处理综合体地面为污水处理厂操作区与厂前区，因此城市地下污水处理综合体与地上建筑的衔接不包括此种空间模式的综合体。

4.2.3.1　与地面建筑的衔接

　　城市地下污水处理综合体可以通过楼梯、坡道等垂直交通设施或地下中庭实现与地面建筑的衔接，如表 4-4 所示。仅通过垂直交通设施衔接城市地下污水处理综合体与地面建筑的方式较为常见，采用此种方式衔接的两空间联系较弱，相互影响较小。相较于仅通过垂直交通设施衔接的方式，通过地下中庭衔接城市地下污水处理综合体和地面建筑不仅可以实现空间的交通联系，还可以实现视觉联系。地下中庭规模较大，包含电梯或楼梯等竖向交通设施，对建筑的空间格局会产生一定的影响。

城市地下污水处理综合体与地面建筑衔接方式比较　　　　　　　表 4-4

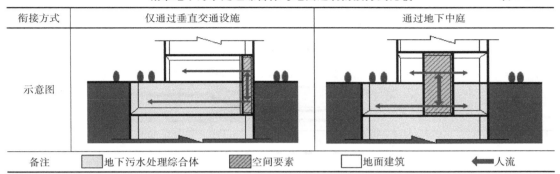

衔接方式	仅通过垂直交通设施	通过地下中庭
示意图		
备注	▨ 地下污水处理综合体　　▨ 空间要素　　☐ 地面建筑　　← 人流	

通过地下中庭衔接城市地下污水处理综合体与地面建筑的方式可借鉴上海世博轴及地下综合工程，该工程位于上海世博会浦东园区，地下 2 层，地上 2 层，屋顶为空中花园。地下空间与地上空间通过沿长边设置的 6 个地下中庭进行连接。中庭中部为高度超过 40m 的倒锥状玻璃"阳光谷"，内部种植灌木等绿色植物，该构筑物贯穿综合体的地下与地上空间，在视觉上强调了空间的联系，环绕四周布置的楼梯与走廊加强了竖向空间的交通联系，使该工程成为集商业和交通于一体的大型城市综合体，如图 4-10 所示。

(a)中庭四周竖向交通设施

(b)中庭中央"采光谷"

图 4-10　世博轴及地下综合工程地下中庭

4.2.3.2　与地下建筑的衔接

我国利用城市地下空间建设地铁枢纽站、购物中心、停车库、博物馆等多种类型的建筑，通过设置垂直交通设施、地下公共空间、下沉广场或庭院可以实现城市地下污水处理综合体与地下其他建筑的衔接，如表 4-5 所示。垂直交通设施包括台阶、坡道等设施，仅通过垂直交通设施衔接综合体与地下其他建筑，可以实现不同空间的交通联系，空间之间的干扰较小，但联系也较弱。通过地下公共空间衔接城市地下污水处理综合体与地下其他建筑，可以在建立交通联系的同时进一步减小空间之间的相互干扰，并缓解大量人流带来的交通压力。下沉广场或庭院的衔接作用与地下公共空间相似，但由于下沉广场或庭院空间的顶部开敞，因此除了在不同空间之间建立交通联系外，还可以打破地下空间的封闭性，使地下空间与外界环境直接接触。

城市地下污水处理综合体与地下其他建筑衔接的方式比较 表 4-5

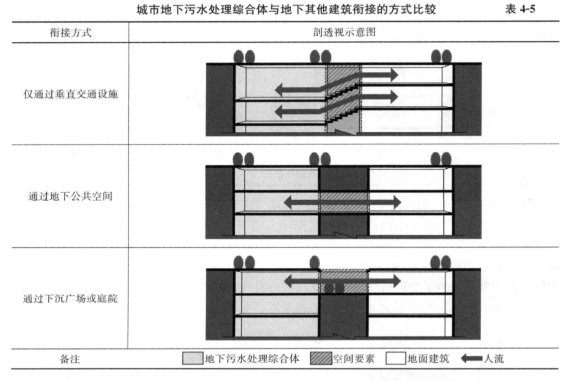

衔接方式	剖透视示意图
仅通过垂直交通设施	
通过地下公共空间	
通过下沉广场或庭院	
备注	▨地下污水处理综合体 ▨空间要素 □地面建筑 ⬅人流

城市地下污水处理综合体与地下其他建筑的衔接方式可以借鉴城市地下交通枢纽与地下其他建筑衔接的方式。上海虹桥交通枢纽的地下空间包括地铁站、汽车站、商业空间、停车库等空间，长途汽车站与停车场之间通过下沉庭院衔接，在两个空间之间建立了人行交通的联系。同时，下沉庭院作为中介空间，增加了两个功能空间的距离，在一定程度上降低了空间之间的干扰和人流交叉的影响，如图 4-11 所示。深圳福田站和其他地下空间之间通过地下通道衔接，并结合地下通道设置商铺，提高了地下空间的交通效率，完善了地下步行交通系统，如图 4-12 所示。

图 4-11 上海虹桥交通枢纽下沉庭院

4.2.4 地面设施与周边环境的衔接

在城市地下污水处理综合体运行过程中，需要设置外露于地面的设施连接地上、地下空间，承担人流、车流和物质的交换功能。外露于地面的设施会对城市的视觉景观、道路交通以及人们的心理感受造成一定的影响，从而影响人们对城市地下污水处理综合体的认知意象。因此，应结合具体建设情况和污水处理综合体

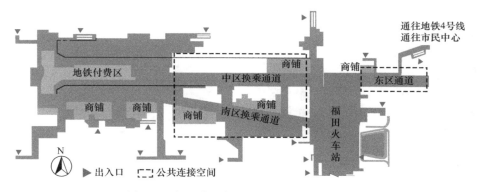

图 4-12 福田交通枢纽地下一层平面示意图

的特点，设置特色化的地面设施，使综合体与城市环境的衔接更加顺畅。根据实际调研和案例分析获取的资料，将城市地下污水处理综合体中的地面设施分为疏散楼梯间、排气或通风设施、采光设施三类。

4. 2. 4. 1 疏散楼梯间与周边环境的衔接

城市地下污水处理综合体主要利用地下空间进行建设，防火设计尤为重要。为了保证在紧急情况发生时，位于地下空间的人员可以顺利疏散至室外环境，应遵守现行防火规范中的相关规定，设置外露于地面的疏散楼梯间。地面疏散楼梯间的数量与布局方式与地下空间的功能布局、防火分区、安全疏散的要求有关，应根据实际工程的需求进行统一布局。

在城市地下污水处理综合体中，外露地面的疏散楼梯间一般为独立设置或结合地面建筑设置，如图 4-13 所示。为了保证人员疏散的效率，提高综合体的安全性，地面疏散楼梯间往往设置在可达性强的场所，如人行道路、广场、绿地内，因此，会对城市的视觉景观、地面交通及社会活动产生一定的影响。减小地面疏散楼梯间对城市环境影响的方式主要有三种：一是采用植物遮挡疏散楼梯间的外立面或将其与地面建筑相结合；二是疏散楼梯间的材质、色彩、建筑风格应与周边环境保持协调；三是统筹疏散楼梯间与地面道路、广场、景观的布置，避免干扰行人、车辆的通行和社会活动的举办。贵阳市青山污水处理及再生利用工程地面建设为绿色公园，为市民提供开放的游憩场所。该工程外露地面的疏散楼梯间位于草坪内，避免对人们游憩行为产生干扰，同时采用藤蔓类植物遮挡墙身和屋顶，减少其对视觉景观的影响，如图 4-14 所示。广州市地下净水厂外露地面的疏散楼梯间采用坡屋顶的建筑形式，外立面以灰色和白色为主，与周边的景观风格协调统一，给人良好的视觉感受，如图 4-15 所示。

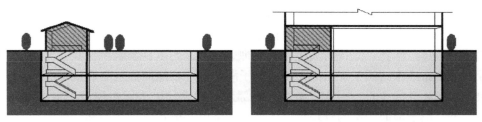

(a)独立式地面疏散楼梯间　　　　　　　(b)与地面建筑结合的疏散楼梯间

图 4-13 地面疏散楼梯间形式

图 4-14　青山污水处理及再生利用
工程地面疏散楼梯间

图 4-15　京溪地下净水厂地面疏散楼梯间

4.2.4.2　排气或通风设施与周边环境的衔接

城市地下污水处理综合体的主要功能位于地下空间,为了提高地下空间的品质,需要通过地面通风设施进行空气的流通和热量的交换。地下式污水处理厂在运行过程中会产生具有臭味的气体,通过管道将臭气输送至除臭设施进行统一处理,处理后达到排放标准的气体经过外露于地面的排气设施排放到空气中。市政交通型污水处理综合体中的生活垃圾转运站具有垃圾处理和转运功能,运行过程中产生的臭气可通过管道输送至污水处理厂的除臭设施集中处理。排气或通风设施的规模与城市地下污水处理综合体的功能构成及各功能的规模有关。由于地下空间的气体通过管道进行收集,在工程造价允许的情况下,地面排气或通风设施的位置可根据周边环境进行调整。在排气设施的高度方面,排气筒的高度应不小于15m。在访谈过程中,环境工程领域的专家表示,排气设施的排气口的设置应满足环保需求,其高度一般应高于规定范围内最高建筑物的高度,以保证周边人群的身心健康,若周边环境较为空旷,在取得相关部门许可的情况下,可根据实际情况适当降低高度要求。

城市地下污水处理综合体中的通风设施与排气设施对城市环境的影响主要体现在两个方面:一是由于这些设施一般布置在人视线可及范围内,会对城市的视觉环境产生影响;二是由于这些设施在运行过程中会产生二次污染,容易给人们的心理和生理带来不良影响。通风设施与排气设施分布的范围较为广泛,有些设置在广场、绿地、建筑屋面等位置,有些则与地面建筑物或构筑物相结合。在城市地下污水处理综合体设计的过程中,应根据周边环境和综合体本身的功能特点,提出特色化的设计策略。根据案例分析和现场调研获取的资料,地面排气或通风设施的设计方法主要分为两类:一是建设体量较大的集中式排气或通风设施,使其成为整个城市地下污水处理综合体中的标志性构筑物;二是在满足运行需求的情况下,降低排气或通风设施的体量,将其布置在绿地中或与建筑结合,同时采用植物等进行遮挡,降低对人生理和心理感受带来的不良影响。

深圳市南布净水站位于坪山河中游的燕子湖片区,场地周边规划有湿地公园、人工湖及坪山东部国际会议中心。因此,净水站上部建筑的设计应为周边提供更多的公共空间。净水站的风井位于地面一层的管理用房屋顶,围绕风井设置连接一层和二层屋面的旋转楼梯,为来访游客提供参观路径,如图4-16所示。根据污染物排放标准的要求,风井高出建筑15m,且外表面采用与屋面材质不同的深灰色贴面,成为整个建筑中具有标志性的制高点，如图 4-17 所示。贵阳市青山污水处理及再生利用工程结合位于南明河与城市高密度居住区之间的地面建设绿色公园。由于场地面积较小且植物茂盛，该工程在地面绿地内设置多个小型排气口，排气口外部采用竹子等植物进行遮掩，使其与周边环境更加协调，如图 4-18 所示。深圳福田水质净化厂（一期）工程为屋顶游憩型污水处理综合体，该厂结合屋顶形式沿四周布置排气管道，将处理后达标的气体收集到屋顶四周的弧形空腔内，再通过位于中空筒体下部的排气口排放至空气中，如图 4-19 所示。

图 4-16　南布净水站风井与周边环境
（图片来源：https://www.gooood.cn/pingshan-
terrace-by-node-architecture-urbanism.htm）

图 4-17　南布净水站风井与旋转楼梯

图 4-18　青山污水处理及再生利用工程排气口

图 4-19　福田水质净化厂排气口

4.2.4.3　采光设施与周边环境的衔接

城市地下污水处理综合体主要通过开发利用城市地下空间进行建设，由于地下空间较为封闭，与外界环境的联系较少，容易给人的生理和心理带来不适感。加强地下空间与外界环境的联系可以提高地下空间的品质，减弱人们在地下空间中恐惧、迷茫的感受。采光设施不仅可以为城市地下污水处理综合体内部空间提供自然光线，也可以在外界环境与室内空间之间建立视觉联系。

城市地下污水处理综合体外露地面的采光设施一般布置在广场和绿地内，对城市环境的影响主要为对城市视觉景观的破坏，为了减弱这种负面影响，可以采用以下两种方法：一是减小采光设施的体量，并采用植物等进行遮挡，这种设计手法适用于尺度较小的采光设施；二是结合地面环境，将采光设施设计为地面景观。贵阳青山污水处理及再生利用工程中外露地面的采光设施采用采光锥的形式，设置在地面公园的花坛和草坪内。由于采光锥的体量较小，高度较低，并采用植物进行遮挡，因此对地面景观的影响较小，如图 4-20 所示。该工程还将自然采光设施与通风口结合，通过架空采光设施的顶部为地下空间提供自然通风，如图 4-21 所示。深圳北站西广场中部的采光设施与水体景观相结合，成为广场的核心景观，如图 4-22 所示。采光设施的体量和布局需要综合考虑地下空间布局与地面环境。

图 4-20　青山污水处理及再生利用　　　　图 4-21　青山污水处理及再生利用
　　　　　工程采光锥及花坛　　　　　　　　　　　　工程采光锥侧面

图 4-22　深圳北站西广场地面采光设施及水体景观

4.3　功能构成人性化设计策略

4.3.1　商业功能空间设计

由前文可知，商业功能位于商业服务型污水处理综合体最上端，与外界空间的联系密切，有利于与外界空间进行物质、人流和信息的交换。地下商业空间的安全隐患主要为火灾，因此提出满足防火安全的设计策略以提高地下空间的安全性，同时通过提升空间物理环境和满足使用者的心理需求提高地下商业空间的舒适性。

4.3.1.1　满足防火安全的设计策略

为了满足地下商业空间的防火安全，本书从防火分区和疏散设计两个方面提出设计策略。

在防火分区方面，《城市地下商业空间设计导则》（T/CECS 481－2017）规定，地下商业空间"主体建筑的耐火等级应为一级，出地面构筑物的耐火等级不应低于二级"。当建筑耐火等级为一级、二级时，其内部的地下商业空间的防火分区面积不应大于 2000m²，但需要设置自动灭火系统和火灾自动报警系统，并采用不燃或难燃材料进行装修。在疏散设计方面，地下商业空间的每个防火分区内至少设置两个与外界空间直接连接的安全出入口，当实际建设条件不允许时，可利用相邻防火分区的甲级防火门作为安全出口，且防火分区小于 1000m² 时，可只设一个直通外界空间的安全出口。为了提高空间的防火安全性，地下商业空间通常设置自动喷水灭火系统，在这种条件下，其室内最远端距离最近安全出口的距离不超过 37.5m。

五里冲棚户区改造污水处理综合工程的地下一层东南侧为购物中心，共分为 7 个防火分区，如图 4-23 所示。购物中心内设置 5 部直通屋面的封闭楼梯间，并在购物中心与周边道路之间设置了面积较大的下沉广场，内部人员可通过楼梯间疏散至地面公园，也可通过通向室外的疏散门疏散至下沉广场。

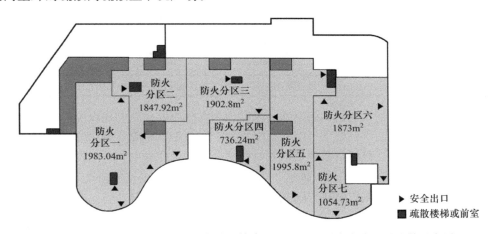

图 4-23　五里冲棚户区改造污水处理综合工程地下一层防火分区及疏散示意图
（图片来源：中国市政工程西北设计研究院有限公司提供）

4.3.1.2　提升物理环境的设计策略

本书所研究的商业功能空间的物理环境包括光环境、声环境、空气质量和热湿环境，通过引入自然光线、增强空气流动性、降低噪声影响可以为人们营造更加舒适的环境，从而提高商业活力。

在改善光环境方面，商业空间位于商业服务型污水处理综合体的上部，与外界环境的接触面大，可以通过设置天窗、中庭、下沉广场或庭院的方式获得自然采光，如表 4-6 所示。通过天窗引入自然光线的采光效果较好，对业态布局的影响小，而且可根据空间需求选择不同的形式，因此应用较为普遍。中庭适用于规模较大、层数较多的地下商业空间，可以通过顶部透明材质将自然光引入较深的地下空间，为围绕中庭设置的空间提供自然光。在地下商业空间的一侧或内部设置下沉广场或庭院，并采用大面积的玻璃等透明材质分隔室内外空间，可以从建筑侧面引入日光。广州珠江新城·春广场地下商业空间结合空间布局在顶部设置多个玻璃采光天窗、上海世博源在边缘设置下沉广场通向地下一层、上海壹丰广场在中部设置贯穿商业空间的中庭并采用透明玻璃采光顶，均改善了地下空间日间的光环境。

地下商业空间自然采光设施比较 　　　　　　　　　表 4-6

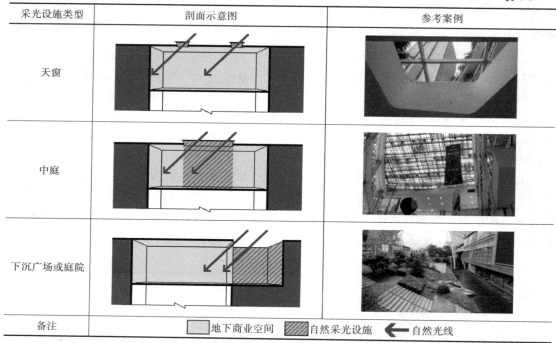

采光设施类型	剖面示意图	参考案例
天窗		
中庭		
下沉广场或庭院		
备注	▦ 地下商业空间　　▨ 自然采光设施　　◀ 自然光线	

　　在改善空气质量方面，通过加强自然通风设施和机械通风设施的建设可以提高地下商业空间的空气流通性，从而提高地下空间的空气质量、改善热湿环境。自然通风设施可以与天窗、下沉庭院等自然采光设施以及建筑出入口相结合，朝向夏季主导风向设置开口，增强通风效果。由于自然通风的效果有限，地下商业空间的通风换气主要依赖新风系统，并根据地下空间的规模、人流量等确定送风量，从而加强空气流通性，改善湿热环境，提高空气质量。

　　在降低噪声影响方面，一是通过合理的空间布局将设备用房等噪声较大的空间布置在商业空间的边缘，与核心功能空间和安静的空间分开设置；二是结合其室内装修，在噪声影响较大区域的顶棚、侧墙等部位进行吸声设计，降低噪声影响；三是通过播放轻柔的音乐或结合自然元素为室内提供愉悦的声音，如在室内设置小型瀑布景观，水流声可以让人们有亲近自然的感觉。

4.3.1.3　满足心理需求的设计策略

　　通过营造多样化的环境、增强空间艺术性、引入自然元素的方式可以满足地下商业空间使用者的心理需求。

　　在地下商业空间的设计中，应避免狭小阴暗的空间，采用玻璃等较为通透的材质划分水平空间，通过视觉联系增强空间的渗透感，从而提高空间的丰富性。结合交通流线设置空间节点，为人们提供休息和交流的场所，还可以结合空间类型引入表演、展览等功能，营造多样的空间环境。

　　通过不同灯光、色彩和材质的运用可以增加顶棚、侧墙和地面的趣味性。公共节点空间是地下商业中最为丰富的空间，结合不同的主题设置雕塑、装饰物、人工景观等设施，可以增强空间的艺术氛围，营造场所感。

　　地下空间与外界的隔离感较强，引入自然因素可以很好地消除这种感觉，但自然元素的设置应当与商业的空间布局、交通流线、环境氛围相协调。地下商业空间的自然元素包括日光、植物和水体。结合交通空间设置玻璃顶棚或开向室外的侧窗，可以将自然光线引入室内；植物的选择应结合当地的气候条件和空间需求，将休息设施与植物景观相结合，可以进一步拉近人与自然元素的距离；水体景观可以根据空间规模选择喷泉、瀑布、水池等形式，不仅可以改善视觉环境，也可以提供自然的听觉环境。

上海世博源 3 区中庭设置水池等水体景观及小型灌木等植物，并通过玻璃顶棚引入日光，结合黄色的灯光营造温馨的氛围，为使用者提供置身自然中的体验。中庭中部悬挂海洋生物、飞鸟等装饰品，并结合中部景观在竖向加入石材的元素，不仅丰富了空间环境，也进一步增强了空间的艺术性，如图 4-24 所示。

(a)水体景观及绿色植物　　　　　　　　　　　　(b)装饰品

图 4-24　上海世博源 3 区地下一层及地下二层中庭

4.3.2　交通功能空间设计

污水处理综合体中的交通功能包括地面道路、地下机动车库、地下公交首末站，由前文可知，商业服务型污水处理综合体的地下一层和地下二层布置机动车库和公交首末站，其柱网布置受上部商业空间柱网的影响。市政交通型污水处理综合体的地面为道路，地下二层和地下三层分别为公交首末站和机动车库。

4.3.2.1　满足安全性需求的设计策略

地面道路位于城市地下污水处理综合体的地面空间，包括人行道路和车行道路，为完全开敞的空间，安全隐患很小，因此本节不对其安全性设计进行探讨。地下机动车库和公交首末站的主要安全问题为防火安全和交通安全。

在防火安全方面，在设置自动灭火系统的情况下，每个防火分区的面积最大为 $4000m^2$，车库内最远端与最近安全出口的距离不应超过 60m，每个防火分区内至少需要设置 2 个安全出口，且不能与汽车疏散出入口合并。在商业服务型污水处理综合体中，汽车库应采用防火墙与紧邻的公交首末站、商业空间分隔。当地下公交站内设置自动灭火系统且装修材料为不燃材料时，其防火分区面积可扩大为 $2000m^2$，室内疏散距离可扩大为 45m。

在交通安全方面，地下交通空间的人员走动和车辆行驶频繁，应分别针对人员安全和车辆安全提出相关的设计策略。在保障人员安全方面，应划分停车空间、车行空间和人行空间，尽量减少人流和车流的交叉，并设置完善的标识系统，便于人们快速到达目标区域。在保障车辆安全方面，应根据车辆类型选择合适的坡道坡度、宽度和转弯半径，若坡道坡度超过10%，需设置缓坡防止车辆头部、尾部或底盘擦地。为了给驾驶者提供更加安全顺畅的行驶路线，还应设置清晰明显的标识系统，尽量避免视觉盲区。

4.3.2.2 满足便捷性需求的设计策略

地下交通空间的人员和车辆的流动性较大，为了避免拥堵现象，需要合理设置车行出入口、停车区域和导向标识。

为了提高车辆进出机动车库和公交首末站的效率，应尽量扩大出入口之间的距离，并在条件允许的情况下，将出口与入口分开设置。在商业服务型污水处理综合体中，满足商业空间货运需求的车辆也停放在地下机动车库内，宜设置专门的货车出入口。

对于停车数量较多、规模较大的机动车库和公交首末站，可以采用不同的色彩、图案、灯光等划分不同的区域，为了使人们更加快速地找到自己想要到达的区域，应尽量选用饱和度较高的色彩或特色鲜明的图案，突出相邻区域之间的差别，如图4-25所示。地面慢行交通系统可以通过多样化的景观环境划分不同空间，也可以采用不同的色彩或材质铺设人行道路和自行车道路。导向标识通过向人们传达信息引导人们到达目的地，其设计应清晰易懂，保证其连续性和规范性，并选择较为醒目的颜色，使人们不用靠近便可以快速获取相关信息。

(a)停车场C区

(b)停车场D区

(c)停车场E区

(d)停车场G区

图4-25 万科云城地下停车场不同区域色彩比较

4.3.2.3 满足舒适性需求的设计策略

地下交通空间与外界的接触面积小，空间较为单调，缺少自然采光，车辆启动和行驶时会排放尾气并产生噪声，使得空间内的空气质量和声环境质量较差。通过优化空间的采光、通风环境，采用吸声材料可以提高地下空间的舒适度。

商业服务型污水处理综合体中的机动车库和公交首末站位于地下一层和地下二层，可以通过设置导光管日光照明系统、天窗、下沉广场庭院的方式进行自然采光和通风，其中通过天窗和地下沉广场或庭院采光的方法与地下商业空间中的做法相似。导光管日光照明系统通过采光帽收集日光，经导光管传输后由另一端的漫射器进入地下空间，该系统传输效率较高，还可以根据需求改变照明强度，但费用较高。由于与外界环境的接触面有限，地下交通空间的自然通风和采光的效果不佳，主要通过人工照明和机械通风改善空间的物理环境。在交通空间的顶部、墙壁、柱上采用吸声材料可以有效降低噪声影响。

按照功能类型，可将地面道路分为人行道路和车行道路，根据道路级别确定道路的宽度，并为行人和车辆的顺利通行提供便利。不同用途的道路应采用不同材质的铺装，人行道路对铺装的防滑、美观等要求较高，可采用木材、混凝土等材料，车行道路应采用明显的标志或通过色彩、图案的变化提醒使用者注意行驶安全。

4.3.3　市政功能空间设计

4.3.3.1　满足防火安全的设计策略

城市地下污水处理综合体中的市政功能空间包括城市地下式污水处理厂和地下生活垃圾转运站，其主要安全隐患为火灾。

目前国内缺少针对地下式污水处理厂消防设计的规范，一些规模较小或建设较早的实践工程一般按照地下戊类厂房的设计要求进行建设，如广州京溪地下净水厂，如图 4-26 所

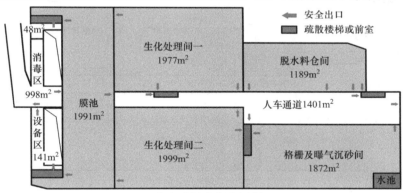

(a)地下一层防火分区示意图

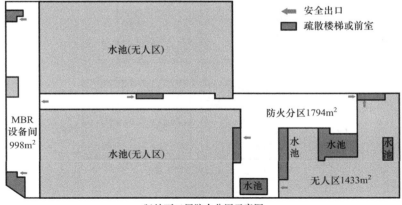

(b)地下二层防火分区示意图

图 4-26　广州京溪地下净水厂防火分区示意图

（图片来源：京溪地下净水厂提供）

示。在防火分区方面，按照规范要求，设置自动灭火系统时，地下或半地下戊类厂房防火分区的最大面积为 2000m²；在疏散距离方面，厂房内任意部位距离安全出入口的距离不应超过 60m。由于地下式污水处理厂内不同功能空间的火灾危险性不同，若完全按照《建筑设计防火规范》（GB 50016－2014）（2018 年版）对地下戊类厂房的要求，会对厂区的管理运行产生较大的影响。《地下式城镇污水处理厂工程技术指南》（T/CAEPI 23—2019）提出，相关工程中的防火分区面积若需突破最大允建面积，需经过与消防主管部门和咨询机构的讨论与审核，针对不同危险等级的区域提出不同的防火分区的面积要求。例如，正定新区污水处理厂工程（一期）的最大防火分区面积约 3700m²，成都某地下式污水处理厂的最大防火分区面积为 3125m²，如图 4-27 所示。由于地下式污水处理厂的变配电站、鼓风机房等区域设备管线较多，且经常有人员进入检修，需按照相关规范的要求设计；生化池顶部、膜池上部等空间少有人员进入且火灾危险性较低，为了满足运行需求，可以适当扩大防火分区的面积，疏散距离不超过 60m；水池、无人区等区域发生火灾的概率较小，危害较轻，在计算防火分区的面积时可将此部分去除。

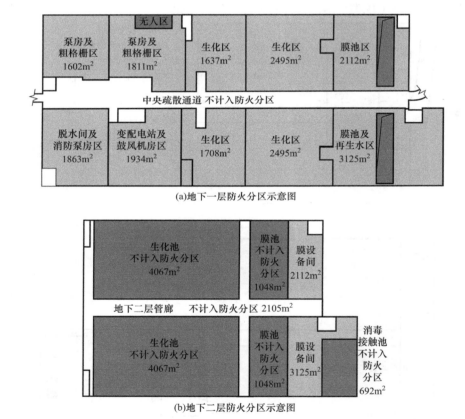

图 4-27　成都某地下净水厂防火分区示意图

城市地下垃圾转运站主要负责城市生活垃圾的收集、压缩与转运，城市垃圾中的可燃物比例较低，且春、夏季节的生活垃圾内含有较多水分，进一步降低了火灾发生的概率，因此按照地下丁类厂房的防火要求进行设计。地下生活垃圾转运站的疏散距离不应超过 45m，防火分区的面积不应超过 1000m²，当设置自动灭火系统时，防火分区面积可增加至 2000m²。

4.3.3.2　满足舒适性需求的设计策略

笔者在 2019~2020 年对几十位在地下式污水处理厂地下空间工作的人员进行访谈，通过提取被访谈者对工作环境的评价内容发现，有半数及以上的工作人员认为在地下式污水处理厂地下空间工作时存在"夏季高温""噪声较大""异味较大""通风不良""缺少植物"的情况，对其工作状态造成了负面影响。同时，半数及以上的被访谈者在被问及"您喜欢地下工作空间的哪些方面，或者您希望在哪些方面进行改进"时提到了"自然采光""自然通风""冬季温暖"和"自然植物"，如图 4-28 所示。改善地下市政空间的光环境、声环境，提高空气流动性，增加自然元素可以提高空间舒适度。

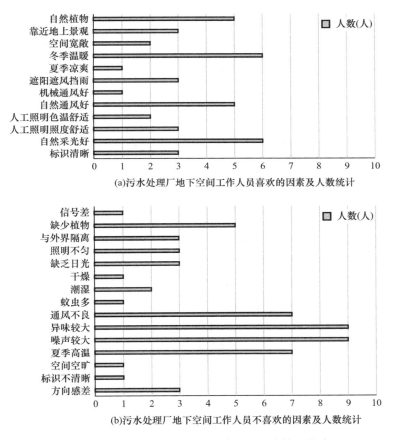

(a)污水处理厂地下空间工作人员喜欢的因素及人数统计

(b)污水处理厂地下空间工作人员不喜欢的因素及人数统计

图 4-28　地下式污水处理厂工作人员访谈结果统计

游憩服务型污水处理综合体中的地下污水处理厂可根据结构形式通过设置侧窗、采光锥（带）、下沉庭院的方式获得日光，并结合人工照明为工作人员提供满足工作需求的照明环境，如表 4-7 所示。商业服务型和市政交通型污水处理综合体中的污水处理厂位于地下较深空间，主要依赖人工照明满足工作需求。垃圾转运站位于市政交通型污水处理综合体的底部，也主要依赖人工照明满足工作需求。

游憩服务型污水处理综合体污水处理厂采光方式比较　　　　　　　表 4-7

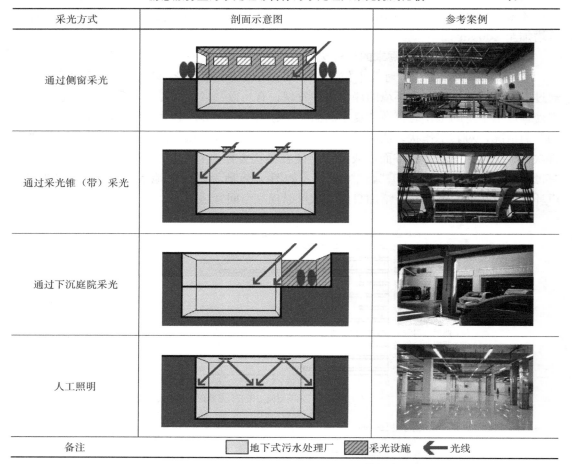

采光方式	剖面示意图	参考案例
通过侧窗采光		
通过采光锥（带）采光		
通过下沉庭院采光		
人工照明		
备注	▢ 地下式污水处理厂　　▨ 采光设施　　◀ 光线	

位于地下一、二层的污水处理厂可以结合自然采光设施达到自然通风的效果，同时借助鼓风机、送风管道等设备弥补自然通风的不足，而位于较深空间的地下式污水处理厂和垃圾转运站通过新风系统等通风设备加强空气的流动。

在噪声与臭气的来源方面，被访谈的环境工程领域的专家表示，鼓风机房、离心脱水环节是地下式污水处理厂中两个主要的噪声源，污水本身的臭味、处理过程中有机物发酵产生的异味、污泥废渣的臭味则是污水处理厂中存在臭气的主要原因。综合现场调研和专家访谈的资料可知，污水处理厂的降噪措施主要分为两种，一是从源头降低噪声影响，如在设备外安装减震的橡胶垫、在鼓风机房外加隔声罩、墙面上设置吸引海绵等；二是将鼓风机房等噪声较大的空间集中布置，减少对其他区域的干扰。在削弱臭气影响方面，一是在容易产生臭气的设备外加盖透明的密闭设施阻隔臭气的扩散；二是采用负压抽吸等设备将收集的臭气通过管道集中输送至臭气处理设备，经活性炭、生物除臭等技术处理后统一排放，如图 4-29 所示。

在心理感受方面，结合自然采光设施使室内室外空间在视觉上取得联系，让人们在地下也可以看到天空、树木、花草等景观，观察到外界环境的变化，有利于削弱地下空间的压抑感。

(a)福田水质净化厂设备密封罩　　　　　(b)京溪地下净水厂除臭装置及输送管道

图 4-29　地下式污水处理厂臭气收集处理设施

4.3.4　绿地功能空间设计

　　绿地功能位于游憩服务型污水处理综合体顶部，包括社区公园、体育公园等公园绿地和城市广场。绿地空间的设计应满足使用者不同的游憩行为和心理感受对空间的需求，并进行完善的无障碍设计，从而实现空间的人性化设计。

4.3.4.1　满足不同行为需求的设计策略

　　游憩是公园绿地和广场的主要功能，作为承载人们游憩行为的物质空间场所，城市绿地需要提供一系列的游憩环境和资源基础，包括生态环境、娱乐设施等。笔者在多次实地观察深圳德兴社区公园、贵阳青山污水处理及再生利用工程地面公园等城市绿地使用者的行为特征，发现人们在绿地中的主要行为为运动健身、散步、休憩、交谈、观赏、亲子游戏等，并将其分为散步通行、社会交往、娱乐活动和静态休闲四类，绿地空间的设计应与不同行为的特征相结合。

　　散步通行行为主要发生在公园广场的出入口、园区道路、台阶等场所，道路的宽度应满足行走要求，同时采用防滑的材质保证行走的安全性。结合节点空间或沿道路两侧设置座椅等设施，提供停留休息场所。不同类型的社会交往活动对私密性和空间大小的要求不同，可利用植物、景观小品、座椅等要素对空间进行一定的分隔和围合，满足不同需求。娱乐活动的种类较多，包括运动健身、亲子活动、科普展示等，需要为其提供专门的空间或设施，如运动场、健身器材、舞台。由于此类行为需要聚集较多的人员，应将其设置在交通便利、空间开敞的场所。承载静态休闲类行为的空间应具有良好的视觉景观，并应设置座椅、遮阳等设施。目前，我国已建游憩服务型污水处理综合体顶部绿地多设置水体景观、运动设施、活动广场、休闲步道等，为人们提供亲近自然、运动健身、学习交流、休闲娱乐等场所。

4.3.4.2　满足心理需求的设计策略

　　进行不同游憩活动的人员心理需求也不同，对于需要人员聚集、进行公共活动的场所，应尽量开敞，避免空间拥挤带来的心理不适。而对于观赏、休息、交谈等行为，其对应的空间应具有一定的私密性，需要与相邻空间进行分隔，以满足使用者对安全感和领域感的需求。在公园绿地和广场中，可以通过构筑物、自然景观、景观小品、场地高差、色彩或材质分隔不同空间，如表 4-8 所示。

城市绿地空间分隔方式比较　　　　　　　　表 4-8

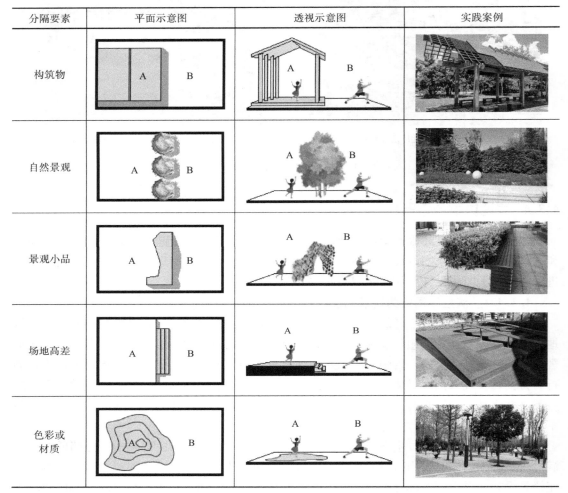

分隔要素	平面示意图	透视示意图	实践案例
构筑物			
自然景观			
景观小品			
场地高差			
色彩或材质			

　　不同地区的气候条件、地理环境、文化特征等方面的差异使绿地空间具有地域性特征，其设计应当与当地的社会活动、文化特征相结合，营造场所感。种植具有当地特色的植物、提取本土建筑符号并运用到建（构）筑物的设计中、结合当地文化活动布置景观小品或环境设施等措施均可以向人们展示区域环境特色，增强人们的文化认同感和归属感。

4.3.4.3　无障碍设计策略

　　城市绿地的使用者年龄跨度较大，身体状况也不相同。为了满足所有有需求的人都能安全方便地在城市绿地空间中进行游憩活动，在城市绿地空间的规划设计中，应采取建设无障碍坡道、设置无障碍停车位、安全防护设施、铺设盲道等措施，无障碍游憩场所内的道路应尽量避免高差，存在高差时采用较缓的坡道进行连接，道路表面应满足平整、防滑、牢固的要求。

4.3.5　科普功能空间设计

　　污水处理是城市地下污水处理综合体的核心功能，也是与其他综合体的根本区别，有环境工程领域专家 A 表示，"城市地下污水处理综合体的运行不能脱离群众，要让群众更多地参与进来……让群众知道污水处理厂的存在，可以改变人们对污水处理厂的固有印象"。因此城市地下污水处理综合体应充分利用自身的功能特点，担负起科普教育功能，增加人们对水环境知识的了解。通过布置科普馆或科普展示区和结合污水处理流程设置参观流线的方式可以充分发挥城市地下污水处理厂的科普功能。

在空间形式方面，通过设置科普馆或展示区丰富人们的体验感。科普馆或科普展示区具有教育功能，通过文字、图片、视频、景观等方式向人们介绍水环境知识。展示区域的设计应清晰明了，具有一定的逻辑性。科普馆的展示空间位于室内，结合不同主题采用不同的空间色彩、灯光、音乐等激发参观者的兴趣，增加参观者与空间的互动。室外展示区多利用展板、电子显示屏向人们介绍水环境相关知识，展板或屏幕的尺寸应与空间尺度相协调，并将水元素融入展板的设计中。通过举办水环境知识讲座等活动可以提高人们了解水环境知识的积极性，因此应在科普馆或科普展示区的设计中预留活动空间。位于深圳市坪山新区的南布净水站将处理后的水首先输送到地面水池中，再排放至南侧的坪山河作为景观补充用水。这种方式既可以丰富地面景观，又可以借助水景广场进行水环境知识的科普宣传，让人们更加直观地了解污水处理的成果，如图 4-30 所示。贵阳市水环境科普馆内设置电子显示屏、触摸屏等设施，通过图片、视频等向人们介绍水环境相关知识，如图 4-31 所示。

(a)鸟瞰图　　　　　　　　　　　　　　　　(b)首层水景广场

图 4-30　南布净水站地面景观展示区

（图片来源：https：//www.gooood.cn/pingshan-terrace-by-node-architecture-urbanism.htm）

(a)馆内触摸屏　　　　　　　　　　　　　　(b)源头活水展区

图 4-31　贵阳市水环境科普馆内部展示区

（图片来源：https：//www.sohu.com/a/102280934_398066）

在参观流线方面，结合污水处理厂的功能设置相应的参观环节，让人们对污水处理的过程有更加直观的了解。在访谈过程中，环境工程领域专家C表示，污水处理厂应在一定程度上向社会开放，为不同的群体提供不同的参观方式，如通过相关实验向人们展示污水处理效果，或者结合工艺流程向人们展示处理过程。考虑到安全性，应避免地下式污水处理厂生产环节与科普空间之间的相互干扰，对于危险性较高的区域可通过玻璃窗、格栅等设施分隔参观空间与生产空间。位于山东省青岛市的青岛啤酒博物馆通过发展历史介绍、生产车间展示、啤酒品尝等环节向人们介绍青岛啤酒的相关知识，可为污水处理厂科普空间的设计提供借鉴。青岛啤酒博物馆分为A、B两个展厅，A展厅主要通过实物展示向人们介绍青岛啤酒的发展历史，B展厅与生产车间相连，向人们展示啤酒酿造工艺，如图4-32所示。在访谈过程中，建筑设计和环境工程领域的专家均表示，结合每个污水处理工艺设置实验展示环节，可以让人们直观感受到污水的变化，从而更加了解污水处理流程，如图4-33所示。科普展示的方式也要与时俱进，结合整体参观流线，通过设置展板、电子显示屏、互动投影、VR体验项目等多种途径介绍污水处理、水环境整治的相关知识，增加参观者与展示空间的互动，如图4-34所示。

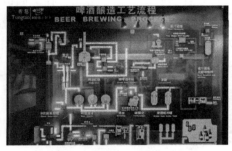 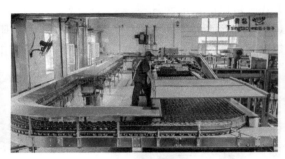

(a)啤酒酿造工艺流程展板　　　　　(b)厂房生产车间

图 4-32　青岛啤酒博物馆展示空间

（图片来源：http://www.mafengwo.cn/travel-news/1438466.html）

图 4-33　青山再生水厂进水出水展示　　　　图 4-34　VR 体验场景

（图片来源：http://gzeco.gog.cn/system/　　　（图片来源：https://vr.pconline.com.cn/858/

2017/05/16/015709380.shtml）　　　　　8586820.html）

4.4　空间组织系统化设计策略

4.4.1　交通流线组织

根据空间布局特点，对三种空间模式的城市地下污水处理综合体的交通流线进行分类，并分别提出人行和车行交通流线的设计策略。

4.4.1.1　游憩服务型污水处理综合体

按照功能特征将游憩服务型污水处理综合体内的交通流线分为生产办公和游憩两种，其中生产办公流线包括污水处理厂工作人员的日常办公、安全疏散流线和厂区内车辆的行驶流线，游憩流线指周边人群到综合体绿地内进行游憩活动的交通流线。考虑到地下式污水处理厂的管理和安全需求，应避免流线交叉对厂区生产带来干扰。

1. 人行交通流线组织

由前文可知，游憩服务型污水处理综合体分为屋顶游憩型和地面游憩型两种，包括污水处理厂和绿地两部分，功能构成简单，人行交通流线按照使用者分为工作人员和外来游客两种交通流线。在屋顶游憩型污水处理综合体中，由于对外开放的绿地空间位于综合体顶部，考虑到污水处理厂的管理和安全需求，外来游客不进入厂区内部，直接通过天桥、楼梯等交通设施进入屋顶绿地空间。厂区工作人员直接通过地面出入口进入厂区内部。深圳福田水质净化厂屋顶通过天桥连接厂外城市道路，周边人群直接通过天桥进入屋顶公园，如图 4-35 所示。地面游憩型污水处理综合体中两功能空间的使用者分别通过场地出入口进入。在发生紧急情况时，地下空间的人群通过位于不同防火分区的消防楼梯间进行疏散，楼梯间的布置应与地面功能布局综合考虑，避免不同流线之间产生冲突。

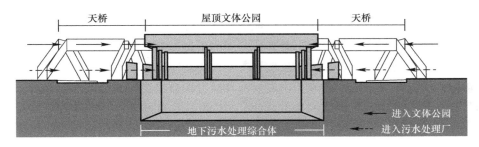

图 4-35　福田水质净化厂人行交通流线示意图

2. 车行交通流线组织

平常进出游憩服务型污水处理综合体的车辆包括污水处理厂的运渣车等货车和工作人员、外来人员的车辆。屋顶游憩型污水处理综合体中的车辆在污水处理厂地面空间行驶，与屋顶绿地空间相互独立。根据案例分析获得的资料，地面游憩型污水处理综合体需要在地面分别设置车辆出口和车辆入口，作为运渣车等货车进入地下空间的出入口，出入口和道路应尽量避免与地面人行流线产生交叉，一般设置在绿地边缘，靠近周边道路。由于进出地下空间的车辆较少，车辆出入口也兼做人行出入口。

4.4.1.2　商业服务型污水处理综合体

1. 人行交通流线组织

商业服务型污水处理综合体包括地下商业空间、地下机动车库、地下公交首末站和地下式污水处理厂，空间构成较为复杂。此种综合体的人行交通流线分为两种，一是从地上空间直接进入地下某个功能空间的流线，包括直接进出地下商业、地下车库、地下公交首末站和污水处理厂的人行交通流线；二是地下各功能空间之间的人行交通流线，如图4-36所示。

地下机动车库、地下公交首末站和地下商业空间之间具有相关关系，可以结合实际情

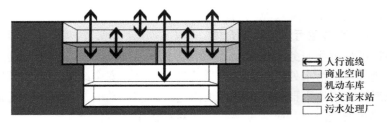

图 4-36　商业服务型污水处理综合体人行交通流线分类

况考虑，将从地面进入三个功能空间的主要人行出入口合建，既可以提高空间利用效率，又可以增加地下商业的人气；污水处理厂办公区的流线应单独设置以减少对其他空间的影响，也为厂区管理提供方便。不同功能之间的水平连接可以采用地下通道、坡道等形式，垂直连接可以采用楼梯、扶梯、电梯等形式。地下空间的人员疏散主要通过消防楼梯间，地下空间的封闭性导致人员疏散的难度比地上空间大，首先应满足相关规范要求，其次应尽量缩短疏散路线的距离，安全出口的布置应尽量均匀。

　　2. 车行交通流线组织

　　进入商业服务型污水处理综合体地下空间的车辆包括进入地下机动车库、进入地下公交首末站和进入地下式污水处理厂的车辆。地下机动车库和公交首末站的车流量较大，为了保障行车安全，应分开设置。平常进出地下式污水处理厂的车辆主要是运渣车，负责收集污泥废渣，臭味较重，应尽量减小对其他空间的不良影响。被访谈专家 D 在介绍贵阳市五里冲再生水厂时表示，"运渣车进出地下式污水处理厂的频率与产泥量有关，该厂运渣车的运输时间会避开城市交通高峰期，由于每日运行次数很少，对公交车运行几乎没有影响，而且还有另一个出入口供运渣车的进出"。因此，运渣车进入污水处理厂的车行道路可以利用公交首末站的车行道路，但应避开公交站和机动车库的车行高峰期，同时污水处理厂的车行入口应尽量靠近地面车行出入口，使运渣车尽快驶入厂内。综合体地面车行出入口应结合周边道路情况，靠近城市道路设置，避免交通拥堵。

　　五里冲棚户区污水处理综合工程为商业服务型污水处理综合体，地下共 4 层。该工程在中山中路和遵义中路分别设置一个公交站入口和一个公交站出口通向地下二层公交车枢纽站，该出入口兼做五里冲污水处理厂运渣车和进出机动车库车辆的出入口，运渣车进入地下二层后，再通过专用坡道进入地下三层五里冲再生水厂设备操作层，如图 4-37 所示。

4.4.1.3　市政交通型污水处理综合体

　　1. 人行交通流线组织

　　市政交通型污水处理综合体的人行交通流线包括从地面空间进入地下公交首末站、地下机动车库、地下式污水处理厂和地下生活垃圾转运站四类，如图 4-38 所示。在地面设置不同的出入口，通过楼梯、扶梯、电梯等垂直交通设施到达地下空间。地下空间的人员疏散主要通过消防楼梯间，地下空间的封闭性导致人员疏散的难度比地上空间大，首先应满足相关规范要求，其次应尽量缩短疏散路线的距离，安全出口的布置应尽量均匀。

　　2. 车行交通流线组织

　　进出市政交通型污水处理综合体地下空间的车辆包括进出机动车库的车辆、进出公交

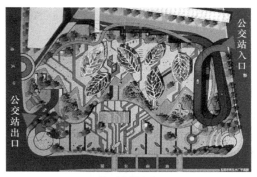

(a)地面车行出入口

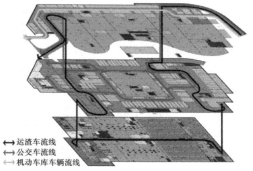

⟷ 运渣车流线
⟷ 公交车流线
⟷ 机动车库车辆流线

(b)车行交通流线分析图

图 4-37 五里冲棚户区污水处理综合工程车行交通流线

（图片来源：中国市政工程西北设计研究院有限公司提供）

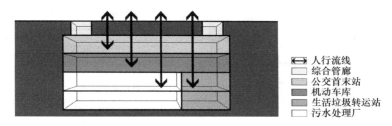

⟷ 人行流线
☐ 综合管廊
☐ 公交首末站
☐ 机动车库
☐ 生活垃圾转运站
☐ 污水处理厂

图 4-38 市政交通型污水处理综合体人行交通流线分类

首末站的公交车、进出污水处理厂的货车和进出垃圾转运站的垃圾运输车四类。与商业综合型污水处理综合体的车行流线相似，地下机动车库和公交首末站的车流量较大，为了保障行车安全，应分开设置，地下式污水处理厂的运渣车和地下生活垃圾转运站的垃圾运输车运输的物品都会对周边的环境产生一定的影响，宜与其他车行流线分开设置。综合体地面车行出入口应结合周边道路情况设置，避免交通拥堵。

4.4.2 空间识别性

城市地下污水处理综合体大部分空间位于城市地下空间，与外界环境的联系较少，因此综合体地下空间中的使用者不能大量依赖周边环境辨别方向，容易发生迷路的现象。因此，在城市地下污水处理综合体内建立良好的方向感非常重要。通过空间节点设置、色彩设计、标识系统的完善均可以有效增强城市地下污水处理综合体的空间识别性。

4.4.2.1 空间节点设置

空间节点是地下空间中公共性较强的空间，可识别性较强，有利于人们建立方向感。空间节点按照空间形式可分为竖向通高空间和水平放大空间两种。

城市地下污水处理综合体中的竖向通高空间一般采用地下中庭和采光井的形式，多位于关联性较强的功能之间，通过通高空间将位于不同深度的空间在竖向维度上进行连接，空间尺度较大。市政交通型和商业服务型污水处理综合体的交通功能之间和交通功能与商业功能之间适宜采用此种形式，如图 4-39 所示。采光井作为半开敞空间，通过顶部与外界环境连接，地下中庭也可以通过采用玻璃等透明材料作为顶棚的方式成为连接室内外空间的中介空间，将自然光线引入地下空间，增强空间的吸引力和开放性。平面放大空间节点是指通过放大平面中某一空间的尺度并增强其公共属性，从而增强可识别性的空间。可以起到联系不同功能空间，指引方向的作用。平面放大空间节点按照空间位置分为连接室内外空间的下沉广场或庭院和室内放大空间。

　　城市地下污水处理综合体地下空间的节点设计可以借鉴交通枢纽等工程的设计手法。深圳北站采用通高的中庭连接换乘大厅与地铁站台，中庭顶部采用透明材质，日间可以借助自然光线照亮中庭及其周围空间，具有很强的视觉吸引力，帮助人们在地下空间建立方向感，如图4-40所示。深圳福田交通枢纽通过放大路径空间，在地铁站与火车站之间设置咨询服务区，该区域的顶棚采用玻璃材质并设置圆形吊顶，区别于其他空间，增加了空间的可识别性，如图4-41所示。

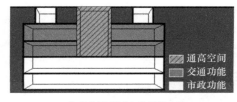
(a)市政交通型污水处理综合体

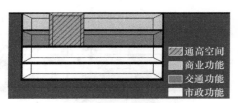
(b)商业服务型污水处理综合体

图4-39　城市地下污水处理综合体竖向通高空间

图4-40　深圳北站地下中庭

图4-41　深圳福田枢纽站地下咨询服务区

4.4.2.2　色彩设计

　　为空间赋予不同的色彩可以强调其在视觉上的不同，加强人们对空间的记忆，有利于方向感的建立。通过采用产生不同色温或不同照度的人工光源和不同颜色的材质都可以达到丰富空间环境、增强空间可识别性的目的。通过色彩区分不同空间是最为直观的方式，在地下空间的不同部位采用不同的颜色，强调重要节点空间如主要出入口、主要通道等部位，有利于构建清晰明了的地下交通流线，可以帮助人们快速确定自己的方位。通过采用不同颜色的材质进行布置是较为简单的划分空间的方式，应用范围也非常广泛。此外，由于城市地下污水处理综合体与外界空间的联系有限，地下空间的采光主要依赖人工照明，因此也可以采用不同色彩的灯光增强空间的可识别性，如图4-42所示。通过控制人工光的色温和照度不仅可以减弱人们在地下空间时恐惧、迷茫的感觉，还可以丰富空间环境，起到划分空间的作用。

图 4-42　不同色温的灯光

（图片来源：https://dy.163.com/article/EGH7IC57051186CN.html）

4.4.2.3　标识系统完善

标识系统可以向人们传达方位信息，指引前进的方向，帮助人们建立方向感。城市地下污水处理综合体的功能构成较为复杂，需要建立完善的标识系统为人们的活动提供方便。标识系统的种类繁多，城市地下污水处理综合体中的标识系统以视觉标识为主，如导引地图、地面标志等。标识系统的设计应遵循清晰明了、位置适当、连续统一的原则。为了提高人们在综合体中的交通效率，标识物的设计应当采用简洁的文字和易懂的图案，让人们在短时间内就可以正确理解其传达的信息。标识物的设计应当考虑其所处环境的尺度与色彩，若标识物的尺寸过大或过小，或者颜色与所处空间的颜色太过相似，会对人们的观察造成障碍，出现看不清或看不全的情况。标识物设置的位置应该在人们视线容易到达的地方，并应在流线交叉、功能转换、路况复杂和人流量较大的区域适当增加标识物设置的密度。城市地下污水处理综合体是一个完整的空间，其交通流线也是连续的，标识物的设置也应当遵循连续的原则，形成完整的标识系统。同时，指示相同或相关内容的标志物的字体、图案、材质、造型等应保持一致，这样更加符合人们的认知习惯，也可以提高标识系统的指引效率。

4.5　本章小结

本章针对城市地下污水处理综合体空间模式的不同构成要素提出了相应的设计策略。首先，确定城市地下污水处理综合体的设计应遵循周边衔接顺畅化、功能构成人性化和空间组织系统化的设计原则。然后，在设计原则的指引下，提出相应的设计策略：其一，加强城市地下污水处理综合体与周边绿地景观、道路交通、其他建筑的衔接，以及综合体地面社会与周边环境的衔接，实现与周边环境的一体化设计；其二，结合使用者的生理和心理需求，提出提高商业空间、交通空间、市政空间、绿地和科普空间的安全性与舒适性的设计策略；其三，结合城市地下污水处理综合体的功能布局，提出人行与车行流线的组织方式以及增强空间识别性的措施。

第 5 章　地下污水处理综合体工艺提标改造研究

本章在多级 AO 工艺基础上开展相关工艺提标改造工作,首先探讨多级 AO 工艺启动及对污染物的去除效果,分析多级 AO 工艺是否稳定达标处理,为后续的提标改造研究做准备;然后,构建 $Fe^{2+}/S_2O_8^{2-}$ 同步除磷和去除有机物体系,探讨其对磷和有机物去除的影响因素和去除效果;其次,研究反硝化深床滤池对 TN 的去除效果,优化工艺条件,探讨其运行特性;比较不同深度处理工艺运行成本;最后,探讨多级 AO 深度处理组合工艺的运行效能。

5.1　污水处理工艺提标改造研究助力综合体建设

2003 年 7 月 1 日,我国《城镇污水处理厂污染物排放标准》(GB 18918—2002)开始实施,对原有城镇污水处理厂出水氮、磷、有机物的处理效果提出了更严格的要求(NH_4^+-N≤5mg/L、TN≤15mg/L、TP≤0.5mg/L、COD≤50mg/L,一级 A 标准)。2015 年 4 月 16 日,随着国家"水十条"等相关政策的出台,越来越多的地区不断提高污水排放标准,以缓解城市污水对环境的压力。许多地区不断提高污水排放标准,已有部分地区将污水处理厂的氮、磷、有机物排放标准由一级 A 标准提高到更高的地方标准要求(TN≤10mg/L、TP≤0.3mg/L、COD≤30mg/L)。污水处理工艺的提标改造是目前的研究热点,也是构建城市污水处理综合体的必要条件之一。然而,大量现有污水处理厂面临提标升级改造的技术难题。

目前,污水处理厂现有工艺相关研究大多以实现一级 A 排放标准为目标,围绕工艺改进、处理效果、参数优化等方面开展,而工艺是否具有实现高排放标准的潜能研究仍较少。当污水处理工艺不能实现或不稳定实现高排放标准的前提下,采用何种深度工艺与之相组合,使其保证稳定高效排放达标也是今后研究的另一重点。

因此,污水处理厂工艺提标改造研究将助力城市地下污水处理综合体的大规模建设,以期为高标准工艺的推广应用奠定理论基础。

5.2　地下污水处理厂常用工艺简介

5.2.1　MBR 工艺

MBR 工艺的优点有剩余污泥产量少、出水优质稳定、脱氮除磷的效率很高、工艺占地面积很小、可以全程自动控制等,非常适合要求自动化程度高、占地面积小的地下污水处理厂的建设和运行。MBR 工艺几乎不影响周围环境,集约化程度很高,污水经过处理后可直接用在景观河道的补水。另外,废弃二沉池进行深度处理而使用 MBR 膜过滤工艺,不仅可以节约占地,还可以增加生化池内的污泥浓度,增强地下污水处理厂总体的处理效率。在国外，地下污水处理厂运用 MBR 工艺技术非常成熟，英国 Swanage 污水处理厂 2000 年 6 月投产使用，服务人口高达 28000 人，设计日处理规模达 12700m³；Swanage 地下污水处理厂的厂址在环境秀丽的海湾边，周边都是海水浴场，环境景观要求非常高，因此采用 MBR 工艺建设全地下污水处理厂；日本新宫町中央净化中心运用完全地下的建设模式，地面上建有公园，运用膜生物反应器（MBR）的处理工艺，设计日处理规模达 9090m³，运行期间的日处理能力是 6060m³，服务人口高达 17000 人，该地下污水处理厂在 2010 年 3 月 1 日正式投产使用。目前国内运用 MBR 技术的地下污水处理厂的具体数据如表 5-1 所示。其中，广州京溪污水处理厂总体分布采用全地下式组团布置形式，是广州市河涌整治重点工程项目之一，位于沙太路旁金湖货运场内，设计规模 10 万 m³/d，占地约 28 亩，服务人口 13.3 万人。该污水处理厂采用膜生物反应器（MBR）工艺，其出水排入沙河涌，作为沙河涌的景观补充水水源。其主要处理构筑物位于地下，地上用作绿化景观，从根本上突破传统污水处理厂的高程设计理念，创造优美的花园式厂区环境。

国内 MBR 工艺地下式污水处理厂　　　　　　　　　　　　　　　　表 5-1

地下式污水处理厂	处理规模（万 m³/d）	主体工艺	出水水质
昆明第十污水处理厂	15	MBR	优于一级 A
石家庄正定新区地理式再生水厂	10	MBR 生化＋MBR	深度处理优于一级 A
昆明第九污水处理厂	10	MBR	优于一级 A
张家港金港片区污水处理厂一期	2.5	改良 A²O＋MBR	优于一级 A
广州京溪地下净水厂	10	MBR	一级 A
北京大兴天堂河污水处理厂一期	4	改良 A²O＋多段 AO＋MBR	过滤一级 A
合肥滨湖新区塘西河再生水厂	3	MBR	一级 A
烟台套子湾污水处理厂二期	15	MBR	一级 A
太原晋阳地理式污水处理厂一期	32	改良 A²O＋MBR	一级 A
北京肖家河再生水厂项目	8	A²O＋节能 MBR	一级 A 至 Ⅳ 类

5.2.2　A²O 及其改良工艺

A²O 工艺和 A²O 的改良工艺，具体工艺名称是分段进水 A²O 工艺、Anoxic-A²O 工艺、多级 AO 工艺等，优点有抑制丝状菌的膨胀效果非常明显、除磷脱氮率非常高、日常运行费用比较低等。为了出水水质更加稳定、水质更好，设计地下污水处理厂时，A²O 工艺经常和其他工艺设备组合使用，比如 MBBR、MBR、纤维转盘滤池、深床滤池等。国内 A²O 及其改良工艺的地下式污水处理厂的相关数据如表 5-2 所示。其中，深圳布吉污水处理厂是全地下污水处理厂、地上公园工程，设计处理污水规模 20 万 m³/d，占地 5.95 亩，总投资约 8.84 亿元。污水处理采用改良 A²O 活性污泥工艺、后接双层沉淀池出水；深度处理工艺采用投加 APC 兼有辅助化学除磷功能的快速 D 型滤池；污泥处理采用机械浓缩脱水一体化机械方案；除臭采用生物除臭工艺；出水水质达到一级 A 类及景观用水标准。

国内 A²O 工艺地下式污水处理厂   表 5-2

地下式污水处理厂	处理规模 （万 m³/d）	主体工艺	出水水质
贵阳青山再生水厂	5	改良 A²O	Ⅳ类水，部分一级 A
贵阳麻堤河再生水厂	3	改良 A²O	Ⅳ类水，部分一级 A
深圳布吉污水处理厂	20	A²O＋生物膜共池工艺	一级 A
昆明安宁市第二污水处理厂	6	A²O	一级 A
昆明安宁市太平镇污水处理厂	2.5	A²O	一级 A
青岛高新区污水处理厂一期	9	A²O＋MBBR	一级 A
合肥十五里河污水处理厂二期	5	A²O＋深床滤池过滤	优于一级 A，部分Ⅳ类
烟台古现污水处理厂二期	6	倒置 A²O	一级 A
张家港金港片区污水处理厂一期	2.5	改良 A²O＋MBR	优于一级 A
北京大兴天堂河污水处理厂	8	A²O＋多段 AO＋MBR 过滤	一级 B，部分一级 A
北京稻香湖再生水厂一期	8	分段进水 A²O	地表水准Ⅳ类
太原晋阳地理式污水处理厂一期	32	改良 A²O＋MBR	一级 A
北京肖家河再生水厂项目	8	A²O＋节能 MBR	一级 A 至Ⅳ类水标准

多级 AO 工艺是基于传统脱氮除磷工艺发展而来的新型工艺。该工艺在不改变功能单元的情况下，增加了多段进水和混合液回流功能，提高原水碳源利用效率和脱氮效果。多级 AO 工艺具有好的脱氮除磷效果，提标改造难度小、适合推广应用。虽然该工艺已经在我国使用，但该工艺的优势、污染物去除潜力研究成果有限。目前多级 AO 工艺能否稳定实现出水 COD≤30mg/L、TN≤10mg/L 和 TP≤0.3mg/L 的报道很少，因此，本研究在多级 AO 工艺基础上开展相关工艺提标改造工作。

5.3 多级 AO 工艺研究现状

5.3.1 多级 AO 工艺发展

活性污泥法已经发展了一百余年，是目前城市污水常用的处理工艺。其形式包括：传统活性污泥法、吸附再生、阶段曝气、延时曝气和完全混合等。但随着对营养盐（氮、磷）排放要求的提高，传统的工艺经过了数代的发展，新型工艺不断革新。

Wuhrmann 于 1932 年提出基于内代谢碳源的单级活性污泥工艺 Wuhrmann 脱氮工艺，成为最早的脱氮工艺，如图 5-1 所示，虽然该工艺存在诸多问题，但为后续脱氮除磷工艺的发展奠定了基础。该工艺包含好氧池、缺氧池和沉淀池，污水首先进入好氧池去除有机物，并完成将 NH_4^+-N 转化为 NO_3^--N 的硝化过程；含 NO_3^--N 的污水进入缺氧池，依靠污泥内源代谢物质完成反硝化过程。该工艺存在如下两个问题：工艺内源代谢物碳源含量不足以维持反硝化过程，延长反硝化时间，缺氧池容积大；污泥内碳源过程存在 NH_4^+-N 和有机氮释放的现象，脱氮不彻底。

图 5-1　Wuhrmann 脱氮工艺

　　Ludzack 和 Ettinger 于 1962 年提出了改良 Ludzack-Ettinger 脱氮工艺，如图 5-2 所示，该工艺在原 Wuhrmann 脱氮工艺的基础上提出了利用进水碳源进行脱氮的前置反硝化工艺。该工艺即应用广泛的 AO 工艺，沿袭至今依然是脱氮核心工艺。该工艺进水进入缺氧区，原水的 NH_4^+-N 经过缺氧区进入好氧区完成硝化过程，好氧区回流的 NO^--N 与原水中的有机物反应进行反硝化，较 Wuhrmann 脱氮工艺相比具有较好的脱氮效率，但脱氮效果仍不彻底。

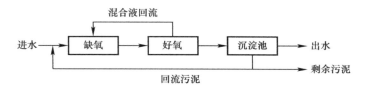

图 5-2　Ludzack-Ettinger 脱氮工艺

　　Barnard 基于对 Wuhrmann 脱氮工艺和 Ludzack-Ettinger 脱氮工艺的研究，提出了两者结合的 Bardenpho 脱氮工艺，如图 5-3 所示。Barnard 认为在 Wuhrmann 脱氮工艺连接与 Ludzack-Ettinger 脱氮工艺后，可彻底去除 Ludzack-Ettinger 脱氮工艺不能去除的 NO_3^--N，并改进了工艺的结构，置换了 Wuhrmann 脱氮工艺缺氧池和好氧池的顺序，以高效去除第二段缺氧内源代谢过程形成的 NH_4^+-N 和有机氮。虽然该工艺可以提高原有两个工艺的反硝化效率，但不能够完全去除 NO_3^--N。

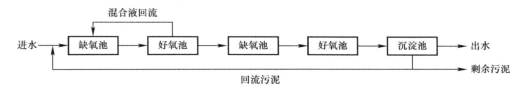

图 5-3　Bardenpho 脱氮工艺

　　Barnard 在研究 Bardenpho 脱氮工艺的同时，发现在该工艺前添加一个厌氧单元可以有效去除原水中的磷，新工艺被称为 Phoredox 脱氮除磷工艺或改良 Bardenpho 工艺，如图 5-4 所示，该工艺是首个提出的活性污泥脱氮除磷工艺，对后来脱氮除磷工艺的发展意义重大。而在 1980 年，Rabinowitz 和 Marais 对 Phoredox 脱氮除磷工艺进一步改良，提出三段 Phoredox 脱氮除磷工艺，即传统 A^{2}O 工艺，如图 5-5 所示。在我国，A^{2}O 工艺是主流的脱氮除磷工艺，能够稳定满足一级 B 排放标准。而随着排放要求不断提高至一级 A 排放标准，甚至更高，A^{2}O 工艺对 TN 和 TP 的去除效果已无法满足，更新的工艺在近几年已不断发展。

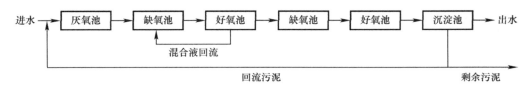

图 5-4　Phoredox 脱氮除磷工艺

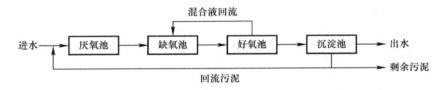

图 5-5　A^2O 脱氮除磷工艺

多级 AO 工艺，如图 5-6 所示，是在传统 A^2O 工艺和 Bardenpho 脱氮除磷工艺基础上发展而来的。为了提高工艺 TN 的去除效率，多级 AO 工艺在两级缺氧和好氧间增加混合液回流；第二级缺氧区不再依靠内源代谢提供碳源，而是将原水进行分配，提高缺氧区的反硝化效率，降低缺氧区容积。目前，该工艺近两年在我国开始应用，其多级 AO 级数等不尽相同。目前，在我国天津津沽污水处理厂、深圳福田污水处理厂均开始采用该工艺作为脱氮除磷提标改造的首选工艺。多级 AO 的形式多样，包括 SBR 型交替式多级 AO 工艺、多级推流式 AO 工艺、前置厌氧多级 AO 工艺等，近几年，发展形成分段进水多级 AO 工艺。然而，未见具有多级回流的分段进水多级 AO 工艺的研究。

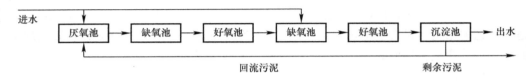

图 5-6　多级 AO 脱氮除磷工艺

5.3.2　多级 AO 工艺原理

多级 AO 工艺的首段为厌氧池，其功能包括：将大分子有机物转化为可生物利用的小分子有机物（VFAs）；降解原水中的有机物；原水与回流污泥混合，聚磷菌吸收 VFAs，合成聚 β 羟基丁酸酯（PHB）储存于聚磷菌内，为缺氧或好氧阶段吸磷提供能量，并释放磷；部分 NH_4^+-N 在厌氧区被微生物同化，合成细胞，且污泥回流稀释作用导致厌氧区 NH_4^+-N 浓度降低。

该工艺由多个缺氧区和好氧区交替连接而成，不断进行硝化和反硝化反应。硝化液回流至缺氧区，反硝化菌利用有机物进行反硝化作用，将 NO_3^--N 转化为 N_2；聚磷菌利用 NO_3^--N 作为受体，进行反硝化除磷作用，所以，该阶段同时均有有机物、NO_3^--N 和 TP 下降。同时，部分 NH_4^+-N 因微生物的同化作用和异氧硝化作用，在缺氧区被去除。好氧区的主要功能在于去除磷和有机物、发生硝化作用，缺氧区将去除大部分有机物，为氨氧化细菌（AOB）提供好的硝化环境，将 NH_4^+-N 转化为 NO_3^--N。同时，聚磷菌在该过程分解 PHB 获得能量，超量吸收水中溶解性磷，并以聚磷的形态存在，并通过排泥达到除磷的目的。在好氧区有机物继续被氧化分解，浓度继续下降。

5.3.3　多级 AO 工艺类型

多级 AO 工艺按照其运行形式分类，可包含 SBR 型多级 AO 工艺、推流式多级 AO 工艺、多点进水推流式多级 AO 工艺、多次进水 SBR 型多级 AO 工艺。按照多级 AO 的级数划分，可分为 2 级、3 级，甚至更多级数的多级 AO 工艺。相关学者研究表明，3 级 AO 推流式多级 AO 工艺出水满足一级 A 排放要求；具有分段进水和混合液回流的 2 级推流式多级 AO 工艺的去除效果稳定且高于一级 A 排放要求。

5.3.4　多级 AO 工艺优势

多级 AO 工艺的优势如下：

（1）该工艺是在 A^2O 工艺基础上发展的改良型新型工艺，改造难度低，工程基建费用低；

（2）工艺将脱氮和除磷统一于一个工艺系统中，工艺操作简单，具有同步脱氮除磷的功能，总 HRT 少于其他同类脱氮除磷工艺；

（3）采用多点进水，原水碳源利用充分，减少了外加碳源的生产费用；减缓了脱氮和除磷碳源竞争的不足；对处理低 C/N 比城市生活污水具有较高的应用潜势，同时适合我国南北方地区；

（4）工艺由于进行厌氧、缺氧、好氧交替运行，破坏丝状菌繁殖环境，不易发生污泥膨胀；

（5）工艺脱氮除磷机理复杂，兼具好氧硝化、缺氧反硝化、好氧反硝化和反硝化除磷等特性。

5.4　多级 AO 工艺深度处理研究现状

近几年，随着国家对环保意识的增强，"水十条"等法规相继出台，为了改善地表水环境质量，污水处理厂的排放标准不断提高，在我国部分地区，已开始实行更高标准以改善地表水环境。具体要求见表 5-3，其中部分地区要求 TN≤10mg/L，TP≤0.3mg/L。所以，针对高排放标准的污水处理厂提标改造势在必行。虽然多级 AO 工艺对氮、磷具有较高的去除效率，但工艺出水 TN、TP 仍无法达到高排放标准要求。

我国不同地区高排放标准汇总　　　　　　　　　　　表 5-3

指标	一级 A	京标 B	天津 A	巢湖	太湖	京标 A
COD（mg/L）	50	30	30	40	40	20
BOD_5（mg/L）	10	6	6	—	—	4
SS（mg/L）	10	5	5	—	—	5
NH_4^+-N（mg/L）	5 (8)	1.5 (2.5)	1.5 (3.0)	2.0 (3.0)	3 (5)	1.0 (1.5)
TN（mg/L）	15	10	10	10 (12)	10 (12)	10
TP（mg/L）	0.5	0.3	0.3	0.3	0.3	0.2

5.4.1　深度脱氮

反硝化滤池是一种兼顾反硝化脱氮和 SS 去除功能的三级处理单元，现广泛应用在城市污水处理厂提标改造中。根据利用的碳源不同，可分为异养反硝化滤池和自养反硝化滤池。

异养反硝化滤池是在缺氧条件下，附着在填料上的异养菌利用碳源，将 NO_3^--N 转化为 N_2 的脱氮过程。常用的反硝化碳源为乙酸、乙酸钠、甲醇等，污泥发酵液无法作为深床滤池的碳源。

异养反硝化滤池受空床停留时间（EBCT）、滤速、碳源类型、温度等因素影响。采用微絮凝/膨胀床反硝化滤池同步深度处理二级尾水，结果表明，PAC的投加量为10mg/L，滤池进水C/N比为2.5：1时，滤池出水TP、TN平均浓度为0.41mg/L和7.71mg/L，平均去除率为41.83%、67.42%。四川眉山市采用后置反硝化滤池作为提标改造工艺，出水TN浓度低至1.3mg/L，TN去除率达95%。采用异养反硝化滤池深度去除水中TN，出水TN浓度低于5mg/L。

自养反硝化滤池是在自养反硝化细菌的作用下，以硫、铁或氢作为电子供体，以$NO_3^- \text{-} N$作为电子受体的反硝化脱氮过程。所以，根据电子供体不同可分为硫自养反硝化滤池、铁自养反硝滤池和氢自养反硝化滤池。

自养反硝化滤池具有无须投加外加碳源、产泥量低等优势，但该过程消耗碱度，需要补充碱度，以满足反硝化过程。通过讨论HRT和温度对硫自养反硝化滤池的影响，结果表明，当HRT为12h时，常温条件（15～20℃）和低温条件（3～6℃）TN去除率分别为91%和15%。而比较硫和铁自养反硝化滤池处理城市污水，结果发现，硫自养效果好于铁自养过程，TN去除率高达83.13%和70.42%。当采用硫自养和异养反硝化组合工艺去除二级出水中的TN，少量投加碳源可明显提高自养反硝化的去除率（37%），同时也可提高自养反硝化的能力。由此可知，自养反硝化过程具有良好的脱氮效果，可与异养反硝化协同作用，以提高不良环境的脱氮效果。

5.4.2 深度除磷

化学除磷是辅助生物除磷的有效手段之一，根据除磷位置可分为前置除磷、同步除磷和后置除磷。前置除磷消耗原水碳源，不适宜用于生物脱氮除磷工艺中。同时，前置化学除磷和后置化学除磷均要增加单独的工艺单元，对于部分占地紧缺的污水处理厂提标改造无法适用。而同步化学除磷会增加药剂的损耗量，且对工艺微生物群落产生影响。

所以选择除磷效果好、价格低廉的除磷药剂是污水处理厂降耗的有效手段之一。有研究发现Fe^{2+}较Fe^{3+}和铝盐相比，价格低廉，可作为同步除磷的化学药剂。林近南等利用不同氧化剂氧化Fe^{2+}，H_2O_2提升效率最高，可提升43.5%。例如，利用过硫酸钠氧化Fe^{2+}去除水中的磷，发现碱性更适合除磷。对比K_2MnO_4、H_2O_2、$HClO$和O_3联合Fe^{2+}去除二级出水中的磷，结果发现，K_2MnO_4的作用效果最佳，且对总有机碳（TOC）的去除效果优于$FeCl_3$和$Fe_2(SO_4)_3$。可见，采用氧化Fe^{2+}的方法可同步去除水体中的磷和有机物。Fe^{2+}同步去除有机物和除磷的作用机理是Fe^{2+}被氧化生成Fe^{3+}，氧化还原过程促使过渡金属形成羟基自由基（OH·）等基团对有机物进行矿化。过硫酸盐与Fe^{2+}反应生成硫酸根自由基（SO_4^-·），可以对有机物进行去除，而生成的Fe^{2+}可以作为除磷药剂，实现同步有机物去除和除磷的效果。

5.5 试验装置

5.5.1 多级AO工艺小试装置

小试试验流程图如图5-7所示，多级AO小试装置由有机玻璃制成，反应器总容积为

192L，反应区共分 5 个处理单元，总尺寸为 $L \times D \times H = 1200mm \times 400mm \times 400mm$，即：厌氧区（ANA，13.6L）、第一缺氧区（AN1，30.6L）、第一好氧区（O1，54L）、第二缺氧区（AN2，37.4L）和第二好氧区（O2，56.4L）。采用竖流式沉淀池，体积为 15L。小试试验装置图如图 5-8 所示。

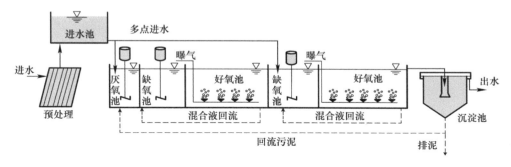

图 5-7　多级 AO 工艺示意图

多级 AO 工艺采用两段进水，分别进入厌氧区与第二缺氧区，试验装置设置两段混合液回流，回流方式为：第一好氧区混合液回流至第一缺氧区；第二好氧区混合液回流至第二缺氧区。污泥回流比为 60%。

5.5.2　深度处理小试装置

本研究污染物深度去除小试试验装置包括两部分：同步化学除磷和有机物去除单元、反硝化深床滤池，试验装置示意图如图 5-9 所示。

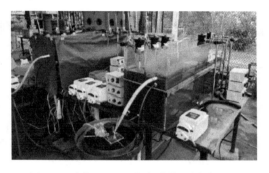

图 5-8　多级 AO 工艺小试装置照片

其中，同步化学除磷和有机物去除试验条件优化采用烧杯试验完成，最优参数用作小试试验。该单元试验装置由有机玻璃制成，包含除磷药剂投加装置、碳源投加装置、搅拌装置。反应器总容积为 100L，分为两个功能单元：快速搅拌单元（反应时间 1min）和慢速反应单元（反应时间 15min）。

反硝化深床滤池由有机玻璃制成，总高为 1.8m，滤柱内径为 0.08m，滤料层高度为 1.1m，承托层高度为 0.3m，有效容积为 5.53L。承托层采用粒径为 2~4cm 的鹅卵石；滤料采用石英砂，粒径为 2~4mm，孔隙率为 0.42，堆积密度为 $1.8kg/m^3$。采用下向流进水方式，EBCT 为 1h。反冲洗采用气水联合反冲洗，气洗强度为 300L/h，水洗强度为 100L/h，先气水混合反冲洗 8min，然后水洗 8min，反冲洗周期为 24h。

5.5.3　多级 AO 深度处理组合工艺中试装置

中试规模多级 AO 组合工艺流程图和中试装置示意图，如图 5-10、图 5-11 所示。中试装置由碳钢制成，包含三个处理单元：多级 AO 生物处理单元；高效澄清池（化学除磷）；反硝化深床滤池。总尺寸为 $L \times D \times H = 6.6m \times 2.5m \times 2m$，反应器总容积为 $33m^2$。高效澄清池总尺寸为 $2m \times 0.5m \times 1.7m$，深床滤池总高度为 3m，直径为 0.67m。

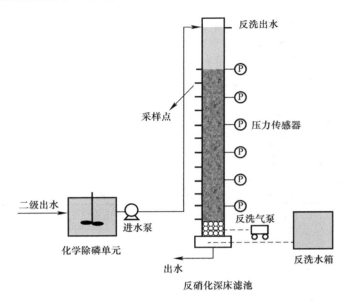

图 5-9 深度脱氮除磷工艺流程图

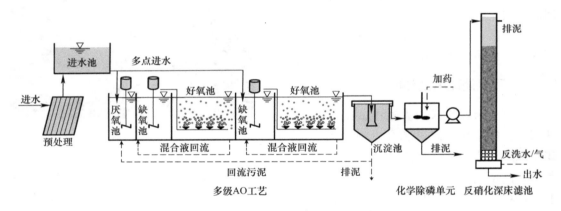

图 5-10 多级 AO 组合工艺流程图

多级 AO 生物处理单元工艺参数如下：进水流量为 50m³/d；HRT 为 13～16h；采用两段进水，进水分配比为 6∶4，第一段缺氧区与好氧区的容积比为 0.8，两级混合液回流比分别为 50%、150%，污泥回流比为 60%。厌氧区和缺氧区的溶解氧低于 0.6mg/L，好氧区的溶解氧范围为 2～5mg/L。

图 5-11 多级 AO 组合工艺中试装置照片

化学同步除磷和去除有机物单元，选择 Fe^{2+} 和 $K_2S_2O_8$ 作为混凝剂，投加量按照 $K_2S_2O_8/Fe/P$ 摩尔比为 10∶4∶1 投加。反应程序如下：先投加 $K_2S_2O_8$，后投加 Fe^{2+}，并以 200r/min 的转数快速搅拌 1min，再以 50r/min 的速度慢速搅拌 15min，最终静置 10min。深床滤池单元，HRT 为 0.25h，利用甲醇调节进水 C/N 为 3～4，反冲洗周期为 24h，采用先气水混合洗 8min，再水洗 8min 的方式。

5.6　多级 AO 工艺启动

5.6.1　接种污泥

多级 AO 工艺小试研究所接种污泥取自深圳市某污水处理厂二沉池，静沉至污泥浓度为 7500～8000mg/L，去除上清液。新鲜污泥于 4℃冷藏运送至实验室，并闷曝 2d，恢复污泥硝化活性，定期补充生活污水。

5.6.2　小试试验进水

多级 AO 工艺小试研究，进水取自深圳大学城实际生活污水，水质指标如表 5-4 所示。采用甲醇作为碳源，与实际污水混合控制进水 C/N 比。

小试进水水质特征　　　　　　　　　　表 5-4

水质	COD (mg/L)	TP (mg/L)	TN (mg/L)	NH_4^+-N (mg/L)	NO_3^--N (mg/L)	pH
范围	140～540	2～6	35～65	30～60	0～3	6～8

将污水处理厂污泥进行闷曝 3d，采用生活污水作为补充营养，使其快速富集硝化菌。然后，将闷曝后的污泥直接接种至多级 AO 工艺，按照某污水处理厂运行参数直接启动，维持工艺进水 C/N 比大于 8，DO 为 2～3mg/L。图 5-12 为多级 AO 工艺的启动结果。由图 5-12 可知，多级 AO 工艺启动阶段 COD 和 NH_4^+-N 能够实现稳定的出水，并维持较

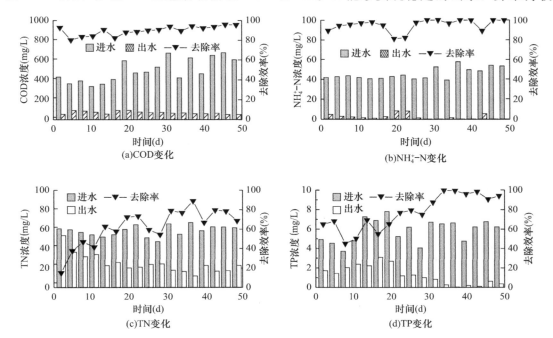

图 5-12　多级 AO 工艺启动

好的处理效果，出水平均浓度为 46mg/L 和 2.24mg/L。TN 在启动前 20d 出水水质逐渐改善，TN 的去除效率逐渐提高，但出水浓度均高于 20mg/L；20d 以后，出水水质改善，且出水稳定，平均出水浓度为 15.26mg/L。TP 需要经过 30d 的启动后方可实现稳定，在启动初期，TP 去除效率逐渐提高，达到稳定后的平均出水浓度为 0.35mg/L。由此可知，多级 AO 工艺启动需要 30d 左右的时间，且稳定后可满足一级 A 排放要求。

5.7 多级 AO 工艺污染物去除特性

5.7.1 污染物去除效果

5.7.1.1 COD

由图 5-13 可知，多级 AO 工艺对 COD 具有较好的去除效果，出水均能满足一级 A 排

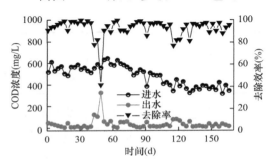

图 5-13 多级 AO 工艺对 COD 的去除效果

放要求。在长期运行的第一阶段（50～100d），进水平均 COD 浓度为 513mg/L，进水平均 C/N 比为 8.6，COD 平均去除率为 97.61%。在长期运行的第二阶段（100～170d），进水 C/N 降低，进水平均 COD 浓度为 377mg/L，平均进水 C/N 比为 5.6，出水 COD 仍保持低于 50mg/L 的排放标准，平均去除效率高达 93.26%。

5.7.1.2 脱氮

多级 AO 对 NH_4^+-N 和 TN 的长期去除效果如图 5-14、图 5-15 所示。由图 5-14 可知，多级 AO 工艺对 NH_4^+-N 具有较好的去除效果，长期运行过程中，平均进水 NH_4^+-N 浓度为 53.21mg/L，出水平均浓度为 2.75mg/L，出水均低于 5mg/L。长期运行效果表明：多级 AO 工艺对污水中的 NH_4^+-N 去除效果较好，出水满足一级 A 排放要求。

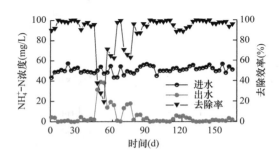

图 5-14 多级 AO 工艺对 NH_4^+-N 的去除效果

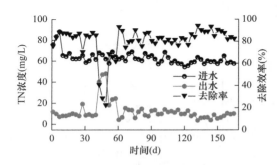

图 5-15 多级 AO 工艺对 TN 的去除效果

由图 5-15 可知，进水 TN 浓度在 45.23～69.55mg/L 范围波动，在多级 AO 工艺启动阶段，TN 的去除效果较差，出水 TN 浓度在 20～50mg/L 范围波动，去除效率仅为 40%。当系统达到稳定时，TN 表现出较高的去除效率，出水平均浓度为 16.28mg/L，出

水浓度均低于 20mg/L。在低 C/N 运行阶段，TN 出水仍低于排放限值，表明该工艺能够充分利用碳源，在 C/N 比为 5～6 时，仍满足反硝化要求。

5.7.1.3　TP

多级 AO 工艺对 TP 的长期去除效果如图 5-16 所示。由图 5-16 可知，进水 TP 浓度在 3.72～7.91mg/L 范围波动，在多级 AO 工艺启动阶段，TP 的去除效果较差，出水浓度

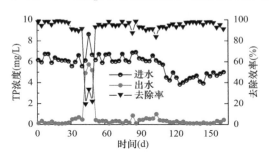

图 5-16　多级 AO 工艺对 TP 的去除效果

为 1.22～3.18mg/L，去除效率为 42.24%～80.25%，出水水质不能满足一级 A 排放要求。随着工艺运行时间的增加，出水水质显著改善，当系统达到稳定时，TP 表现出较高的去除效率，出水平均浓度为 0.32mg/L，出水浓度均低于 0.5mg/L，满足一级 A 排放要求。在工艺运行 100～170d，进水 TP 平均浓度由 6.37mg/L 降低至 4.38mg/L，TP 出水水质进一步降低。在该阶段，进水 C/N 比随之降低，但对 TP 的去除效果影响较小，表明该工艺能够充分利用碳源。

5.7.2　不同处理单元污染物去除特性

图 5-17 为不同功能单元污染物浓度和去除量变化。由图 5-17 可知，75.69% 的 COD 在厌氧区被去除，同时，12.72% 和 5.98% 的 COD 在第一缺氧区和第二缺氧区被利用。由于进水被分配到厌氧区和第二缺氧区，所以 COD 在第二缺氧区出现浓度增加。出水 COD 浓度为 42mg/L，低于一级 A 排放标准。由不同功能单元污染物负荷情况看，在五个功能单元中，COD 的去除量分别为：29.95g/d、7.40g/d、8.76g/d、10.25g/d 和 9.30g/d。可见，有机物主要在厌氧区被去除，缺氧和好氧有机物去除量差别较小。

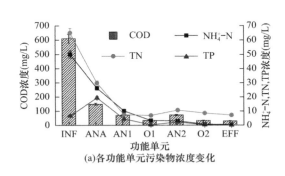

(a)各功能单元污染物浓度变化

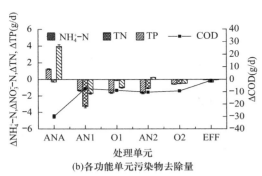

(b)各功能单元污染物去除量

图 5-17　多级 AO 工艺对有机物和营养盐的去除效果

进水 NH_4^+-N 浓度在 41.83～57.98mg/L 之间波动，随着功能单元的递变，呈污染物浓度降低趋势。在厌氧区 NH_4^+-N 浓度为 21.15mg/L，在第一缺氧区直接降到 0.88mg/L，第二好氧区出水 NH_4^+-N 浓度小于 1mg/L。两个缺氧区 NH_4^+-N 的去除量分别为 1.35g/d 和 1.65g/d，然而，仅仅 1.61g/d 和 0.57g/d 的 NH_4^+-N 在两个好氧区去除。这可能是因为两个缺氧区存在异氧硝化细菌，混合液回流携带的溶解氧促使其在缺氧

区发生 NH_4^+-N 的转化。TN 的去除规律与 NH_4^+-N 相似，出水浓度为 8.62mg/L，TN 的去除主要发生在缺氧区，在两个缺氧区，TN 的去除量分别为 3.29g/d 和 1.07g/d。部分 TN 在好氧区发生了去除，可能存在好氧反硝化过程。

TP 在厌氧区出现明显的释磷现象，浓度从 6.62mg/L 提高到 19.29mg/L，在后续的功能单元中，TP 的浓度逐渐降低。聚磷菌在厌氧条件吸收小分子有机物（如：VFAs）合成 PHB 并释放大量的磷。在好氧阶段，TP 分别被吸收 0.99g/d 和 0.47g/d；在两个缺氧区，TP 分别被吸收 1.69g/d 和 0.25g/d。可见，磷在缺氧区和好氧区均被去除，证明除了正常的好氧吸磷外，还存在反硝化除磷现象。

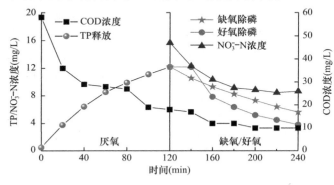

图 5-18 多级 AO 工艺反硝化除磷过程

工艺反硝化除磷特性如图 5-18 所示。在厌氧段，TP 从 0.49mg/L 提高到 12.20mg/L，COD 从 58mg/L 降低到 18mg/L，表明聚磷菌吸收有机物合成 PHB 并释放磷酸盐，TP 浓度升高。在好氧段，聚磷菌将氧气作为电子受体，将环境中的磷酸盐以多聚磷酸盐的形式储存在体内，导致 TP 浓度下降。同时，本研究考察缺氧情况 TP 的变化，在缺氧段，COD 明显下降，NO_3^--N 浓度从 15.68mg/L 降低到 8.65mg/L，表明存在反硝化除磷菌以 NO_3^--N 为电子受体进行除磷，导致 TP、NO_3^--N 均下降。

厌氧段最大吸磷速率为 2.41mg P/(g MLSS·h)，根据公式计算缺氧、好氧的吸磷速率分别为：缺氧段最大吸磷速率（K_{ano}）为 0.93mg P/(g MLSS·h)，好氧段最大吸磷速率（K_{aer}）为 1.87mg P/(g MLSS·h)。K_{ano} 与 K_{aer} 的比值 $f_{DPBs/PAOs}$ 可以反映出系统反硝化除磷菌（DPBs）占聚磷菌（PAOs）的比例，其比例为 0.5。

5.8 深度去除 TP 和有机物性能

5.8.1 同步除磷和降解有机物特性

5.8.1.1 单独 Fe^{2+} 对磷和 TOC 的去除效果

体系初始 TP 为 1.23mg/L，TOC 为 18.53mg/L，温度为 25℃，反应时间为 40min，考察 Fe^{2+}/TP 比为 0、1.0、2.0、3.0、4.0、5.0 和 6.0 时，Fe^{2+}/TP 比对尾水中 TP 和有机物的降解效果研究。

图 5-19（a）为单独使用 Fe^{2+} 时，不同 Fe^{2+}/P 比对 TP 去除效果的影响，由图 5-19（a）可知，随着 Fe^{2+}/TP 比的增加，在试验范围内 TP 的去除率不断增加，Fe^{2+}/TP 比为 6 时，TP 浓度为 0.46mg/L，去除率达 62.60%。Fe^{2+} 浓度增加促进 Fe^{2+} 与 PO_4^{3-} 的接触，使磷更多地转化为 $Fe_3(PO_4)_2$ 及被 Fe^{2+} 形成的络合物絮凝去除。由上可知，随着 Fe^{2+}/P 比的提高，TP 的去除率及反应速率均优于低浓度的去除效果。主要原因是 Fe^{2+} 浓

102

度增加，与 PO_4^{3-} 碰撞的概率增加，Fe^{2+} 水解产生的羟基络合物增多，聚合磷的去除效果增强，发生以下反应：

$$3Fe^{2+} + 2PO_4^{3-} \longrightarrow Fe_3(PO_4)_2 \downarrow \tag{5-1}$$

图 5-19（b）为单独使用 Fe^{2+} 时，Fe^{2+}/TP 比对 TOC 去除效果的影响，由图 5-19（b）可知，TOC 去除率随着 Fe^{2+}/TP 比增加而逐渐增加。Fe^{2+}/TP 比为 1~3 去除率变化不大，Fe^{2+}/P 比为 3~6 去除率增加明显，可达 17.59%。Fe^{2+} 对 TOC 的去除主要因为絮凝作用，Fe^{2+} 浓度较低时，絮凝作用不明显，TOC 去除率较低；随着 Fe^{2+} 浓度增加，对颗粒有机物的絮凝作用逐渐增强，故而 TOC 的去除率不断增加，但随着 Fe^{2+} 浓度持续增加，絮凝的活性点位逐渐减少，故而 TOC 去除率增加减缓。

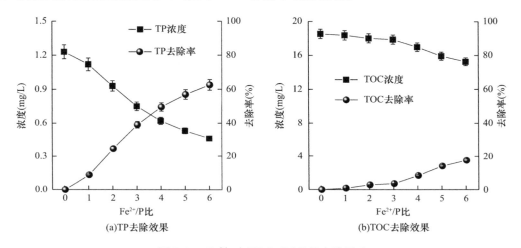

图 5-19　Fe^{2+} 对 TP 和 TOC 的去除影响

5.8.1.2　$Fe^{2+}/S_2O_8^{2-}$ 体系对 TP 的降解效果研究

图 5-20 为单独使用 Fe^{2+} 和使用 $Fe^{2+}/S_2O_8^{2-}$ 体系对 TP 去除效果的影响。TP 的起始含量为 1.35mg/L，由图 5-20（a）可知，体系中随着 Fe^{2+}、$S_2O_8^{2-}$ 含量的增加，TP 的浓度在前 10min 内快速下降，30min 后趋于平稳。单独使用 Fe^{2+} 体系，Fe^{2+}/P 比为 2 时，TP 浓度 120min 内由 1.35mg/L 至 0.65mg/L，去除率达 51.85%；当比升高到 5 时，TP 去除率达 67.41%，且去除率明显优于 Fe^{2+}/P 比为 2 时。

当 $S_2O_8^{2-}$ 加入到体系中，在 $Fe^{2+}/S_2O_8^{2-}$ 比为 1 试验组中，前 40min 内去除率与单独使用 Fe^{2+} 时 Fe^{2+}/P 比为 2 时规律相同，120min 去除率与 Fe^{2+}/P 比为 5 时相同；在 Fe^{2+}/P 比为 5、$Fe^{2+}/S_2O_8^{2-}$ 比为 1 的试验组中，前 20min 内去除率达 83.70%，120min 为 93.33%。使用 $Fe^{2+}/S_2O_8^{2-}$ 体系时，TP 去除率明显优于单独使用 Fe^{2+}。

图 5-20（b）分析了单独使用 Fe^{2+} 和使用 $Fe^{2+}/S_2O_8^{2-}$ 体系前 10min TP 的动力学拟合结果。单独使用 Fe^{2+}，Fe^{2+}/P 比由 2 增加至 5 时，一级反应速率常数由 $2.21 \times 10^{-4}\,s^{-1}$ 提高至 $6.35 \times 10^{-4}\,s^{-1}$，如表 5-5 所示；使用 Fe^{2+}/SO_4^{2-} 体系，在 Fe^{2+}/P 比为 2、$Fe^{2+}/S_2O_8^{2-}$ 为 1 试验组中，一级反应速率常数为 $4.33 \times 10^{-4}\,s^{-1}$，优于 Fe^{2+}/P 比为 2。Fe^{2+}/P 比为 5、$Fe^{2+}/S_2O_8^{2-}$ 比为 1 试验组中，一级反应速率常数为 $2.67 \times 10^{-3}\,s^{-1}$，反应速率显著提高。

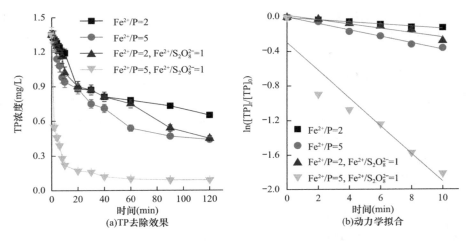

图 5-20 $Fe^{2+}/S_2O_8^{2-}$ 体系对 TP 的去除效果研究

$Fe^{2+}/S_2O_8^{2-}$ 体系去除 TP 的一级动力学方程   表 5-5

实验分组	k_{ob}（s^{-1}）	相关系数 R^2
$Fe^{2+}/P=2$	2.21×10^{-4}	0.99
$Fe^{2+}/P=5$	6.35×10^{-4}	0.99
$Fe^{2+}/P=2$，$Fe^{2+}/S_2O_8^{2-}=1$	4.33×10^{-4}	0.95
$Fe^{2+}/P=5$，$Fe^{2+}/S_2O_8^{2-}=1$	2.67×10^{-3}	0.95

5.8.1.3 $Fe^{2+}/S_2O_8^{2-}$ 体系对 TOC 的降解效果研究

单独使用 Fe^{2+} 和使用 $Fe^{2+}/S_2O_8^{2-}$ 体系对 TOC 去除效果的影响，如图 5-21 所示。由图 5-21（a）可知，TOC 的浓度前 10min 内快速下降，10min 后整体呈缓慢下降趋势。单独使用 Fe^{2+} 时，Fe^{2+}/TP 比由 2 增至 5 时，在前 10min 内，TOC 去除率分别为 6.15%、9.39%，120min 时 TOC 去除率提高至 8.26% 和 17.03%。当 $S_2O_8^{2-}$ 加入到体系中，TOC 的浓度下降规律与单独使用 Fe^{2+} 相同，即在 Fe^{2+}/P 比为 2、$Fe^{2+}/S_2O_8^{2-}$ 比为 1 的试验组

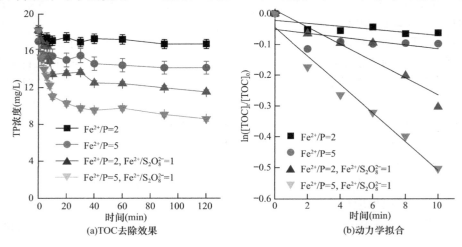

图 5-21 $Fe^{2+}/S_2O_8^{2-}$ 体系对 TOC 的去除效果研究

中，前 10min 内 TOC 去除率为 26.26%，高于单独使用 Fe^{2+} 体系 30.2%，120min 去除率为 37.05%；在 Fe^{2+}/P 比为 5、$Fe^{2+}/S_2O_8^{2-}$ 比为 1 的试验组中，10min 内 TOC 浓度显著下降，去除率为 39.59%，20～60min 内下降速度减慢，120min 时 TOC 去除率为 53.11%。

$Fe^{2+}/S_2O_8^{2-}$ 体系去除 TOC 的一级动力学方程　　　　　　　　　表 5-6

实验分组	k_{ob}（s^{-1}）	相关系数 R^2
$Fe^{2+}/P=2$	8.28×10^{-5}	0.77
$Fe^{2+}/P=5$	1.01×10^{-4}	0.58
$Fe^{2+}/P=2$，$Fe^{2+}/S_2O_8^{2-}=1$	4.61×10^{-4}	0.95
$Fe^{2+}/P=5$，$Fe^{2+}/S_2O_8^{2-}=1$	7.70×10^{-4}	0.98

进一步考察单独使用 Fe^{2+} 和使用 $Fe^{2+}/S_2O_8^{2-}$ 体系对反应速率的影响，10min 内一级反应动力学拟合结果，如图 5-21（b）、表 5-6 所示，由图 5-21（b）可知，单独使用 Fe^{2+} 体系一级反应速率常数低于 $3 \times 10^{-4} s^{-1}$，Fe^{2+}/P 比由 2 增至 5 时，一级反应速率常数提高至 $1.01 \times 10^{-4} s^{-1}$。加入 $S_2O_8^{2-}$ 至体系中，一级反应速率常数明显高于单独使用 Fe^{2+}，当 $Fe^{2+}/S_2O_8^{2-}$ 比为 1，Fe^{2+}/P 比由 2 提高至 5，10min 内反应速率常数由 $4.61 \times 10^{-4} s^{-1}$ 提高至 $7.70 \times 10^{-4} s^{-1}$，反应速率显著提高。

5.8.2　影响因素研究

5.8.2.1　Fe^{2+}/P 比对除磷和有机物去除的影响

图 5-22 为不同 Fe^{2+}/P 比对 $Fe^{2+}/S_2O_8^{2-}$ 体系去除 TP 和 TOC 的效果影响。体系初始 TP 为 1.23mg/L，TOC 为 18.53mg/L，$S_2O_8^{2-}/Fe$ 比为 5，温度为 25℃，反应时间为 40min，考察 Fe^{2+}/P 比为 0、1.0、2.0、3.0、4.0、5.0 和 6.0 时，Fe^{2+}/P 比对尾水中 TP 和有机物的降解效果研究。

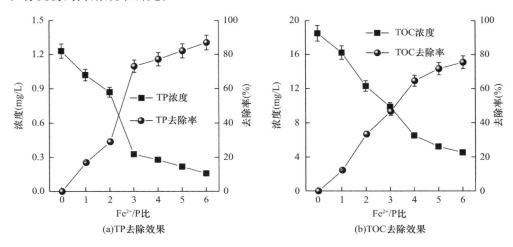

(a)TP去除效果　　　　　　　　　(b)TOC去除效果

图 5-22　Fe^{2+}/P 比对 TP 和 TOC 的去除影响

由图 5-22（a）可知，随着 Fe^{2+}/P 比的增加，TP 的去除率不断增加。当 Fe^{2+}/P 比为 4 时，出水 TP 浓度为 0.28mg/L，去除率为 77.24%，可达到 TP 的深度排放要求

（0.3mg/L）。Fe^{2+} 浓度增加促进 Fe^{2+} 与 $S_2O_8^{2-}$ 反应生成 Fe^{3+}，并与 PO_4^{3-} 反应，转化为 $FePO_4$，或被 Fe^{2+} 形成的络合物絮凝去除。

图 5-22（b）为不同 Fe^{2+}/P 比对 $Fe^{2+}/S_2O_8^{2-}$ 体系去除 TOC 的效果影响，由图 5-22（b）可知，TOC 去除率随着 Fe^{2+}/P 比增加而逐渐增加。当 Fe^{2+}/P 比为 3 时，出水 TOC 低于 10mg/L 以下，且 COD 满足高排放标准要求；随着 Fe^{2+}/P 比高至 6 时，出水 TOC 浓度为 5.54mg/L，出水 COD 低于 15mg/L。由此可见，$Fe^{2+}/S_2O_8^{2-}$ 体系对 TOC 的去除机理在于 $SO_4^-·$ 的高级氧化过程和铁氧的絮凝作用，Fe^{2+} 浓度较低时，$SO_4^-·$ 生成量低，TOC 去除率较低；随着 Fe^{2+} 浓度增加，$SO_4^-·$ 生成量增加，且对颗粒有机物的絮凝作用逐渐增强，故而 TOC 的去除率不断增加。但随着 Fe^{2+} 浓度，$S_2O_8^{2-}$ 含量恒定，$SO_4^-·$ 生成量变化较小，且絮凝的活性点位逐渐减少，故而 TOC 去除率增加减缓。综上所述，最佳的 Fe^{2+}/P 比为 4。

5.8.2.2　$S_2O_8^{2-}/Fe^{2+}$ 比对除磷和有机物去除的影响

图 5-23 为不同 $S_2O_8^{2-}/Fe^{2+}$ 比对 TP 和 TOC 的去除效果影响，体系初始 TP 为 1.88mg/L，TOC 为 19.62mg/L，温度为 25℃，Fe^{2+}/P 比为 4，反应时间为 40min，考察 $S_2O_8^{2-}/Fe^{2+}$ 摩尔比为 0、0.5、1.0、1.5、2.0、2.5、3.0、4.0 和 5.0 时，$Fe^{2+}/S_2O_8^{2-}$ 对尾水中 TP 和 TOC 的降解效果研究。由图 5-23（a）可知，随着 $S_2O_8^{2-}/Fe^{2+}$ 比的增加，TP 去除率先不断增加，随后在比为 4～5 时去除率趋于平缓。当 $S_2O_8^{2-}/Fe^{2+}$ 比为 2.5 时，TP 浓度为 0.28mg/L，去除率达 85.11%；比增加至 5 时，TP 浓度为 0.09mg/L，去除率为 95.21%。$S_2O_8^{2-}$ 加入到体系中，氧化 Fe^{2+} 为 Fe^{3+}。Fe^{3+} 水解生成相比 Fe^{2+} 更为稳定的难溶络合物，增强了对 TP 的絮凝作用，提高了 TP 的去除率。最适 $S_2O_8^{2-}/Fe^{2+}$ 比为 4。

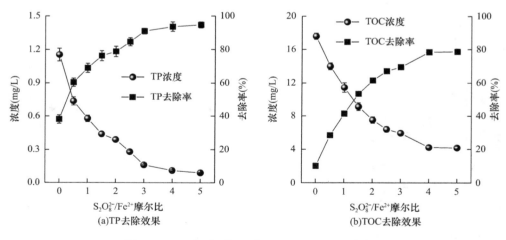

图 5-23　$S_2O_8^{2-}/Fe^{2+}$ 比对 TP 和 TOC 的去除影响

图 5-23（b）为不同 $S_2O_8^{2-}/Fe^{2+}$ 比对 TOC 去除效果的影响，由图 5-23（b）可知，$S_2O_8^{2-}/Fe^{2+}$ 摩尔比逐渐增加，TOC 去除率先逐渐增加，后趋于稳定，达 80% 左右。随着 $S_2O_8^{2-}$ 的加入，Fe^{2+} 活化 $S_2O_8^{2-}$ 生成强氧化性的 $SO_4^-·$ 和 $HO·$，提高了对水中有机物的去除；但随着 Fe^{2+} 在体系中含量的增加，过量 Fe^{2+} 会与有机污染物质竞争抢夺 $SO_4^-·$，一

定程度上减小了 TOC 去除率的进一步增加，这一点与张利朋的研究相同。

5.8.2.3　初始 TP 浓度对 $Fe^{2+}/S_2O_8^{2-}$ 体系除磷的影响

试验初始 TOC 为 18.34～22.17mg/L，温度为 25℃，Fe^{2+}/P 比为 4，反应时间为 40min，考察初始 TP 浓度分别为 0.48mg/L、1.11mg/L、1.52mg/L 和 1.96mg/L 时，$S_2O_8^{2-}/Fe^{2+}$ 摩尔比对尾水中有机物的降解效果研究。

图 5-24 为初始 TP 浓度分别为 0.48mg/L、1.11mg/L、1.52mg/L 和 1.96mg/L 时，TP 浓度和去除率随 $S_2O_8^{2-}/Fe^{2+}$ 摩尔比增加的变化情况。随着 $S_2O_8^{2-}/Fe^{2+}$ 摩尔比的增加，TP 浓度先快速下降，随后缓慢降低；随 $S_2O_8^{2-}/Fe^{2+}$ 摩尔比的增加，TP 去除率在 $S_2O_8^{2-}/Fe^{2+}$ 摩尔比为 0～2 时快速增加，随后缓慢增加。随着起始 TP 浓度增加，反应体系 TP 下降的速率增加，呈快速下降趋势。

当 $S_2O_8^{2-}/Fe^{2+}$ 摩尔比为 0，起始 TP 浓度分别为 0.48mg/L、1.11mg/L、1.52mg/L 和 1.96mg/L 时，TP 的去除率分别为 4.16%、27.03%、25.66% 和 31.63%，浓度分别为 0.46mg/L、0.81mg/L、1.13mg/L、1.34mg/L。当初始浓度为 0.48mg/L 和 1.11mg/L 时，$S_2O_8^{2-}/Fe^{2+}$ 摩尔比大于 1 时，出水即可小于 0.3mg/L。当摩尔比大于 4 时，所有试验组均可低于 0.3mg/L，去除率均可达到 80% 以上。

Fe^{2+} 加入至体系中，与 $S_2O_8^{2-}$ 反应生成 Fe^{3+}，形成的 $Fe_3(PO_4)_2$ 絮体体积大、沉降效果好且絮凝作用强，比 Fe^{2+} 沉淀效果较好，TP 去除率较高。摩尔比大于 1 时，过量 Fe^{2+} 会与 $SO_4^-\cdot$ 反应，消耗 $SO_4^-\cdot$，同时生成 $FePO_4$，因其絮体较小且絮凝作用较弱，所以 TP 去除率减缓。从动力学分析，起始 TP 浓度较高时，反应速率较大，故而起始 TP 浓度为 1.96mg/L 时，TP 浓度下降速率最大。

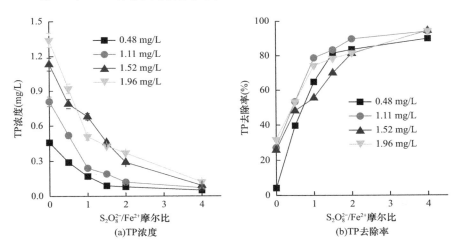

图 5-24　初始 TP 浓度对 $Fe^{2+}/S_2O_8^{2-}$ 体系除磷影响

5.8.2.4　初始有机物浓度对 $Fe^{2+}/S_2O_8^{2-}$ 体系的影响

试验初始 TP 为 1.47～1.52mg/L，Fe^{2+}/P 比为 4，温度为 25℃，反应时间为 40min，考察初始 TOC 浓度分别为 35.25mg/L、29.38mg/L 和 19.62mg/L 时，$S_2O_8^{2-}/Fe^{2+}$ 摩尔比对尾水中有机物的降解效果研究。

初始 TOC 浓度对 $S_2O_8^{2-}/Fe^{2+}$ 体系去除 TOC 的影响如图 5-25 所示，由图 5-25 可知，

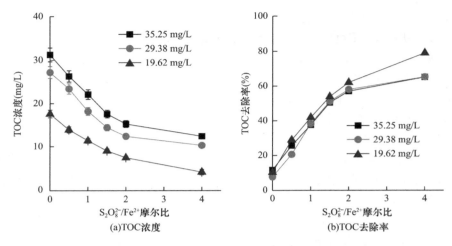

图 5-25　初始 TOC 浓度对 $Fe^{2+}/S_2O_8^{2-}$ 体系去除有机物影响

随着 $S_2O_8^{2-}/Fe^{2+}$ 摩尔比的增加，体系中 TOC 的浓度不断下降，去除率不断增加，当初始浓度最低时，TOC 的去除率始终高于起始浓度高的试验组。当 $S_2O_8^{2-}/Fe^{2+}$ 比为 1.5 时，TOC 去除率均达 50％以上；当比值大于 2 时，TOC 去除率变化较小。当 $S_2O_8^{2-}/Fe^{2+}$ 摩尔比为 4 时，不同初始 TOC 浓度去除率分别为 78.50％、64.73％ 和 64.62％，此时出水 TOC 浓度可达 12.47mg/L、10.36mg/L 和 4.22mg/L。

5.8.2.5　温度对 $Fe^{2+}/S_2O_8^{2-}$ 体系除磷和去除有机物的影响

试验体系 Fe^{2+}/P 和 $S_2O_8^{2-}/Fe^{2+}$ 摩尔比为 4，进水 TP 为 1.68mg/L，TOC 为 21.35mg/L，COD 为 42mg/L，反应时间为 40min，考察温度为 10℃、20℃、25℃ 和 30℃ 时 $Fe^{2+}/S_2O_8^{2-}$ 体系对尾水中 TP 和有机物的降解效果研究。

1. 除磷的影响

图 5-26 为温度对 TP 去除效果的影响。

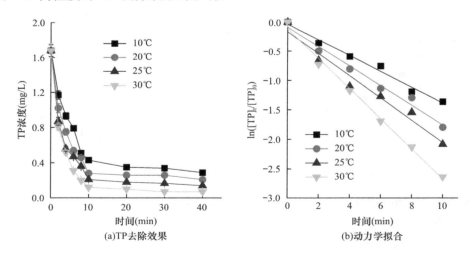

图 5-26　温度对 $Fe^{2+}/S_2O_8^{2-}$ 体系除磷效果影响

由图 5-26（a）可知，TP 浓度随反应时间增加逐渐下降，0～10min 内迅速下降，10～

40min 缓慢下降。随着温度的升高，TP 浓度下降的速度增加，去除率显著增加。10～30℃时，前 10min 体系对 TP 去除率分别为 74.40％、83.33％、87.50％和 92.86％，除 10℃试验组，其余各组均低于 0.3mg/L。反应至 40min 时，各实验组去除率增加到 82.74％、87.5％、91.67％、95.83％，TP 浓度均低于 0.30mg/L。

图 5-26（b）为 10min 内反应体系在 10℃、20℃、25℃和 30℃时对 TP 去除效果的动力学拟合，由图 5-26（b）可知，10min 内随反应时间的增加，温度升高，反应速率增加显著。由表 5-7 可知，30℃一级反应速率常数最大为 $4.26\times10^{-3}\,s^{-1}$，10℃和 20℃一级反应速率常数相差不大，分别为 2.25×10^{-3} 和 $2.78\times10^{-3}\,s^{-1}$。由上可知，温度升高，反应碰撞的概率增加，体系反应速率增加，去除率增加，加速了 Fe^{2+} 转化 Fe^{3+} 的反应过程，使得对 TP 的絮凝作用增强，TP 的去除率增加。

$Fe^{2+}/S_2O_8^{2-}$ 体系去除 TP 的一级动力学方程		表 5-7
温度（℃）	k_{ob}（s^{-1}）	相关系数 R^2
10	2.25×10^{-3}	0.99
20	2.78×10^{-3}	0.99
25	3.15×10^{-3}	0.98
30	4.26×10^{-3}	0.99

2. 有机物去除的影响

当 $Fe^{2+}/S_2O_8^{2-}$ 比为 4 时，TOC 去除效果随反应温度的变化如图 5-27 所示。

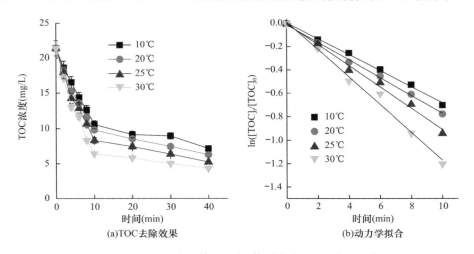

(a)TOC去除效果　　(b)动力学拟合

图 5-27　温度对 $Fe^{2+}/S_2O_8^{2-}$ 体系去除 TOC 效果影响

由图 5-27（a）可知，反应温度变化对 TOC 的影响规律同对 TP 的影响规律，均表现为在 0～10min 内迅速下降，10～40min 内缓慢下降。随着反应温度的增加，TOC 去除率逐渐增加。20℃反应体系与 10℃反应体系 TOC 去除效果相近，10min 时去除率为 54.05％，40min 时去除率增加至 66.51％；温度分别升高 5℃和 10℃，10min 内去除率分别增加至 61.03％、69.98％，40min 时分别为 75.46％、79.77％，30℃时 TOC 去除效果最佳。

$Fe^{2+}/S_2O_8^{2-}$ 体系去除 TP 的一级动力学方程 表 5-8

温度（℃）	k_{ob}（s^{-1}）	相关系数 R^2
10	1.15×10^{-3}	0.99
20	1.27×10^{-3}	0.99
25	1.52×10^{-3}	0.99
30	1.98×10^{-3}	0.99

反应体系在 10min 内 TOC 去除效果动力学拟合如图 5-27（b）、表 5-8 所示。随着温度的增加，体系反应速率随反应时间增加逐渐增加。10℃一级反应速率常数与 20℃相近，分别为 1.15×10^{-3} 和 $1.27\times10^{-3}s^{-1}$。温度升高至 25℃，反应速率常数增加。在 30℃时，体系去除 TOC 速率最大，一级反应速率常数为 $1.98\times10^{-3}s^{-1}$。由公式（5-2）可知，随着温度增加，促进 Fe^{2+} 活化 $S_2O_8^{2-}$ 生成 $SO_4^-\cdot$、$HO\cdot$ 反应的发生，同时在加热条件下，30℃时可一定程度上促进 $S_2O_8^{2-}$ 中 O-O 键的断裂。在双重作用下，反应速率增加，提高了氧化降解有机物的速率，增加了 TOC 去除率。

$$S_2O_8^{2-}+热\longrightarrow SO_4^-\cdot \tag{5-2}$$

5.8.3 机理分析

5.8.3.1 沉淀产物分析

1. 产物晶体结构分析

图 5-28（a）为以纯水为试验溶液的除磷沉淀产物 XRD 谱图，对照标准图谱，确定显著峰为 $FePO_4$ 衍射峰，说明沉淀产物的主要成分为 $FePO_4$，Fe^{2+} 催化 $S_2O_8^{2-}$ 自身被氧化为 Fe^{3+}，以 $FePO_4$ 的形式参与 TP 的去除。图 5-10（b）为污水处理厂二级出水沉淀产物的 XRD 谱图，根据标准谱图，衍射峰峰强最大的物质为 $Fe_4(PO_4)_3(OH)_3$，与配水的特征峰不同，推测可能发生了公式（5-3）和公式（5-4）反应，且可以推测 Fe^{2+} 与 H_2O 和 PO_4^{3-} 反应的基本原理，见公式（5-5）和公式（5-6）。

$$Fe^{3+}+H_2O\longrightarrow[Fe_4(OH)_3]^{9+} \tag{5-3}$$

$$[Fe_4(OH)_3]^{9+}+3PO_4^{3-}\longrightarrow Fe_4(PO_4)_3(OH)_3 \tag{5-4}$$

$$yFe^{2+}+xH_2O\longrightarrow[Fe_y(OH)_x]^{2y-x}+H^+ \tag{5-5}$$

$$[Fe_y(OH)_x]^{2y-x}+[(2y-x)/3]PO_4^{3-}\longrightarrow Fe_y(PO_4)_{(2y-x)/3}(OH)_x \tag{5-6}$$

在二级出水中，被 $S_2O_8^{2-}$ 氧化得到的 Fe^{3+} 与 H_2O 迅速水解产生 $[Fe_4(OH)_3]^{9+}$ 羟基络合物，具有较强的絮凝作用，可通过吸附架桥、吸附电中和、网捕卷扫作用吸附大量水中磷酸，从而使之去除，这一点与邢伟等对铁盐除磷技术机理及铁盐混凝剂的研究一致。故在 XRD 图谱中可以看到明显的 $Fe_4(PO_4)_3(OH)_3$ 衍射峰。另外，由图 5-28 可知，两样品在 22.5min 左右出现相同的衍射峰，可以推测二级出水除磷沉淀产物中存在 $FePO_4$。由上可知，Fe^{2+} 经 $S_2O_8^{2-}$ 氧化为 Fe^{3+}，在水中迅速水解，生成羟基络合物。PO_4^{3-} 可抑制 Fe^{3+} 与 OH^- 的结合，最终生成碱式磷酸铁络合物；另外，Fe^{3+} 与 PO_4^{3-} 生成沉淀，故而共同去除水中 TP。

2. 产物表面形貌及元素分析

采用 SEM 观察沉淀产物表面形貌及颗粒尺寸的分布情况，EDS 能谱仪确定产物的主要化学成分。本研究分别对 $Fe^{2+}/S_2O_8^{2-}$ 体系试验配水及去除污水处理厂尾水中的磷所生

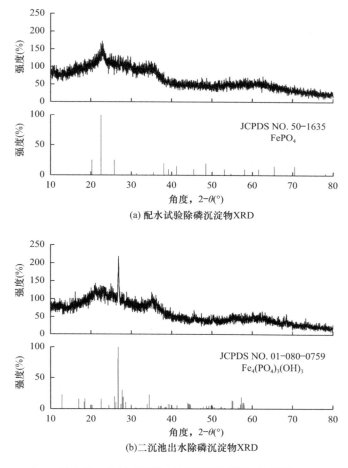

(a) 配水试验除磷沉淀物XRD

(b)二沉池出水除磷沉淀物XRD

图 5-28　$Fe^{2+}/S_2O_8^{2-}$ 体系除磷沉淀物的 XRD

成絮状颗粒状产物进行表征，结果如图 5-29 所示。表 5-9、表 5-10 分别表示水样沉淀物的元素及成分比例。

试验配水加入 $Fe^{2+}/S_2O_8^{2-}$ 体系后形成的颗粒沉淀物的表面形貌及元素成分，如图 5-29（a）所示，形成的除磷产物颗粒呈圆形、分布较为松散，表面均匀且较为光滑，排列规律，颗粒之间有较大的缝隙，粒径在 500nm 左右；沉淀物的主要成分为 Fe、O、P、S 等元素，分别占 59.31%、27.92%、7.08%、5.69%。可见，试验配水沉淀物以铁的磷酸沉淀物、铁的难溶络合物等物质为主。由图 5-29（b）可知，二沉池出水加入 $Fe^{2+}/S_2O_8^{2-}$ 后，絮状颗粒产物形貌与试验配水形成产物有差别，形成的颗粒产物为圆形，颗粒部分聚集成块、排列紧密，表面较为粗糙且不均匀，因吸附有其他杂质排列不规律，颗粒粒径较大，在 1000nm 左右。

由表 5-9、表 5-10 可知，污水中除 Fe、O、P、S 元素外，还存在 C、Br、Si 等元素，Fe、P、S 元素的原子百分比下降，分别为 10.47%、2.39%、1.61%，C 元素百分比高达 58.09%，与尾水中含有复杂化合物和较多有机污染物质有关。综上所述，通过对沉淀物质的形貌及元素成分分析，说明沉淀产物主要以铁的磷酸沉淀物、铁的难溶络合物及吸附的有机物等为主。对比试验配水与二沉池出水除磷沉淀物的 SEM 和 EDS 图谱可知，在加

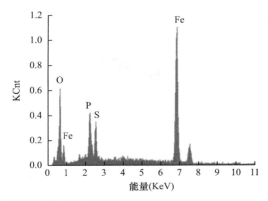

(a)配水试验除磷沉淀物SEM和EDS扫描图

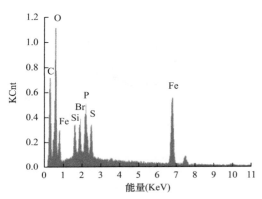

(b)二沉池出水沉淀物SEM和EDS扫描图

图 5-29　$S_2O_8^{2-}/Fe^{2+}$ 体系除磷沉淀物的 SEM 和 EDS 扫描图

入 $Fe^{2+}/S_2O_8^{2-}$ 体系后，形成的沉淀产物形貌基本一致，沉淀的元素基本相近，说明反应体系中引入 $Fe^{2+}/S_2O_8^{2-}$ 后，二级出水中沉淀的主要成分与试验配水一致，但由于污水处理厂尾水较实验配水成分复杂，受杂质的影响形成的沉淀物紧实且不均匀。

纯水试验除磷沉淀物 EDS 元素分析 　　　　　　　　　　　　　　表 5-9

元素	W_t（%）	A_t（%）
O	10.74	27.92
P	5.27	7.08
S	4.38	5.69
Fe	79.61	59.31

污水处理厂二级出水沉淀物 EDS 元素分析 　　　　　　　　　　表 5-10

元素	W_t（%）	A_t（%）
C	36.27	58.09
O	20.80	25.02
Br	3.83	0.92

续表

元素	W_t（%）	A_t（%）
Si	2.19	1.50
P	3.84	2.39
S	2.69	1.61
Fe	30.38	10.47

5.8.3.2　出水有机物分析

图 5-30 为污水处理厂出水经过 $Fe^{2+}/S_2O_8^{2-}$ 体系降解后，蛋白质类 HPLC-SEC 图谱，检测激发和发射波长分别为 $E_x/E_m = 230nm/340nm$。由图 5-30 可以看出，二级出水中蛋白质类物质存在高响应度；当采用 $Fe^{2+}/S_2O_8^{2-}$ 体系降解后，不同分子量的蛋白质物质均呈现荧光强度减弱的趋势。

图 5-31 为污水处理厂出水经过 $Fe^{2+}/S_2O_8^{2-}$ 体系降解后，HPLC-TOC 分子量分布图谱。通过 TOC 检测器出峰情况可以发现，原水中分子量的范围在 $2 \times 10^4 \sim 8 \times 10^4 Da$，呈双峰式分布，且 TOC 响应强度高。经过 $Fe^{2+}/S_2O_8^{2-}$ 体系降解后，$7.5 \times 10^4 Da$ 响应明显降低；而 $5 \times 10^4 \sim 6 \times 10^4 Da$ 分子量响应强度从 $2.8 \times 10^4 mV$ 降低到 $2.4 \times 10^4 mV$。由此可见，经过该体系降解后，大分子有机物被分解，部分大分子有机物被矿化。

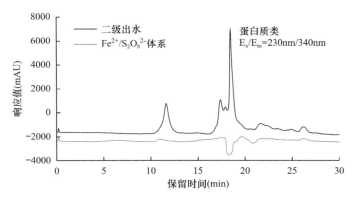

图 5-30　蛋白质类 HPLC-SEC 图谱

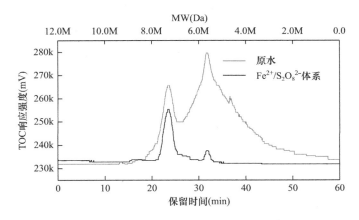

图 5-31　HPLC-TOC 分子量分布图谱

5.9 深床滤池深度脱氮

$Fe^{2+}/S_2O_8^{2-}$ 体系无法实现 TN 的去除,为满足多级 AO 工艺出水的高标准排放要求 (TN≤10mg/L),需增设三级深度脱氮单元——深床滤池,以进一步降低出水中 TN 的含量。在本书第 5.8 节中,采用 $Fe^{2+}/S_2O_8^{2-}$ 体系已去除出水中难降解有机物,且大分子有机物被降解为小分子,可被微生物利用,但 COD 含量较低,无法满足反硝化的需求。所以,需要额外补充碳源以满足深床滤池反硝化脱氮需求。

本节主要考察并优化了碳源种类、碳源投加量、EBCT 对深床滤池的影响,并探讨 $Fe^{2+}/S_2O_8^{2-}$ 体系出水对深床滤池水头损失的影响。

5.9.1 外加碳源种类优化

本研究根据 $Fe^{2+}/S_2O_8^{2-}$ 体系出水 COD 和 TN 的浓度确定外加碳源的投加量(维持 C/N 比为 4:1~5:1),以满足反硝化需求。在深床滤池装置运行稳定后,控制深床滤池的 EBCT 为 0.25h,反冲洗周期为 1 次/d,两种外加碳源对深床滤池的脱氮效果如图 5-32 所示。

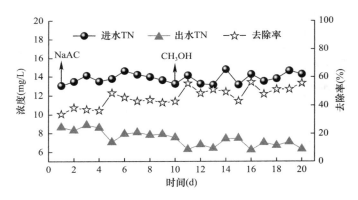

图 5-32 外加碳源对深床滤池脱氮影响

由图 5-32 可知,在运行的前 10d 投加乙酸钠作为碳源,进水平均 TN 浓度为 13.76mg/L,出水平均浓度为 8.09mg/L,TN 平均去除率为 41.11%;在运行的后 10d,外加碳源为甲醇,平均进水 TN 浓度为 13.90mg/L,出水 TN 平均浓度为 6.80mg/L,TN 平均去除率为 51%。由此可见,甲醇作为碳源,深床滤池出水 TN 浓度较乙酸钠作为碳源时低 1.29mg/L,甲醇更适合作为反硝化深床滤池的外加碳源。

5.9.2 C/N比优化

本小节讨论不同进水 C/N 比对深床滤池反硝化效能的影响,以确定最佳的外加碳源投加量。本小节试验控制空床停留时间为 0.25h,利用外加碳源为甲醇控制不同的进水 C/N 比。图 5-33 为进水 C/N 比对深床滤池脱氮和 COD 去除的影响。

由图 5-33(a)可知,随进水 C/N 比从 7.0~8.0 减少到 1.5~3.0,出水 TN 浓度呈升高趋势,且 TN 的去除率逐渐降低。当 C/N 比在 4.0~8.0 时,出水 TN 浓度低于 4mg/L 以

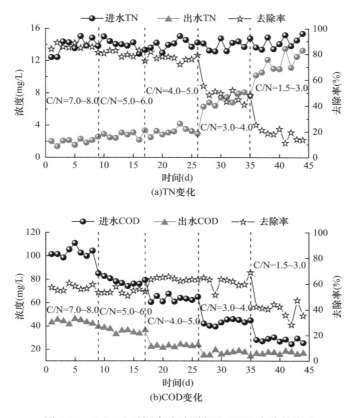

图 5-33　C/N 比对深床滤池脱氮和 COD 去除的影响

下，且波动较小；当 C/N 比为 3.0～4.0 时，出水 TN 浓度明显提高，出水 TN 浓度达 8mg/L 左右；当进水 C/N 比进一步降低至 2.0 时，出水 TN 浓度升高至 10～12.5mg/L，且去除率仅为 20％左右。由此可知，C/N 为 3.0～4.0 时出水 TN 能够满足高标准排放要求，且外加碳源最少，最适 C/N 为 3.0～4.0。

图 5-33（b）为 C/N 比对反硝化深床滤池去除 COD 的影响，以探究反硝化深床滤池对外加碳源的利用情况。由图 5-33（b）可知，随进水 C/N 比降低，出水 COD 浓度呈现先快速降低后稳定的趋势。当进水 C/N 比为 7.0～8.0 和 5.0～6.0 时，出水 COD 浓度分别在 40mg/L 和 30mg/L 以上，出水 COD 不能满足高标准排放要求（30mg/L）。当进水 C/N 比低于 4.0～5.0 时，出水 COD 维持在 30mg/L 以下。进水 C/N 比为 3.0～4.0 和 1.5～3.0 时出水 COD 相接近，表明 C/N 比为 3.0～4.0 时可生物降解 COD 几乎被完全利用。在反硝化深床滤池最佳的 C/N 比为 3.0～4.0 时，出水平均 COD 浓度为 17mg/L，平均去除率为 61.75％。

图 5-34 为不同 C/N 比 COD 理论需求量和 COD 消耗量，由图 5-34 可知，在不同 C/N 比的条件下，理论 COD 需要量低于实际 COD 消耗量。根据理论计算，每 1mg NO_3^--N 反硝化需要 3.70mg COD，实际消耗 COD 增多的部分由微生物生长代谢所消耗。在进水 C/N 比为 4.0～8.0 时，理论 COD 需求量为 40mg/L 左右；当 C/N 比为 7.0～8.0 时的 COD 实际消耗量高于 C/N 比为 4.0～6.0 时，表明高 C/N 比条件下

微生物代谢消耗量增加。综合分析，反硝化深床滤池理论 COD 需求量与实际 COD 消耗量基本吻合。

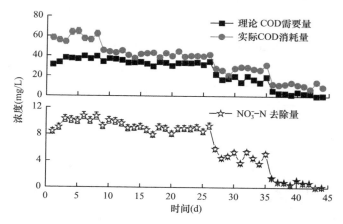

图 5-34　不同 C/N 比 COD 理论需求量和消耗量分析

5.9.3　EBCT

EBCT 决定反硝化深床滤池的基建费用、占地面积和处理效果，本研究选择甲醇作为外加碳源，控制滤池进水 C/N 比为 3.0～4.0，反冲洗周期为 1 次/d。

图 5-35 为 EBCT 对反硝化深床滤池的影响，由图 5-35 可知，随着 EBCT 的降低，反硝化深床滤池出水出现升高现象。当 EBCT 为 0.5h 时，平均出水浓度为 4.75mg/L，去除率为 63.37%；当 EBCT 降低到 0.25h 时，平均出水 TN 浓度为 6.59mg/L，去除率为 49.47%。在 EBCT 为 0.5h 和 0.25h 时均能满足高标准排放要求，但当 EBCT 降低至 0.1h 时，平均出水浓度升高至 10.08mg/L，处于排放要求边缘。所以最佳的 EBCT 为 0.25h。

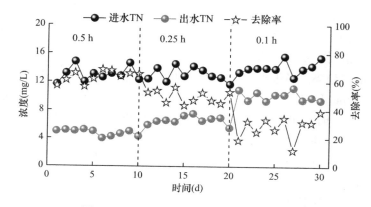

图 5-35　EBCT 对反硝化深床滤池的影响

5.9.4　反洗周期的确定

反冲洗周期决定工艺的处理效果，本节选择甲醇作为外加碳源，控制滤池进水

C/N 比为 3.0~4.0，EBCT 为 0.25h。表 5-11 为不同反硝化深床滤池深度水头损失变化情况。

不同深床滤池深度水头损失变化　　　　　　　　　　　表 5-11

深度 (cm)	T (h)							
	0	1	2	4	8	12	16	20
10	0.000	0.005	0.022	0.032	0.065	0.084	0.123	0.152
30	0.005	0.011	0.035	0.046	0.087	0.113	0.248	0.296
50	0.008	0.015	0.044	0.057	0.095	0.124	0.269	0.314
70	0.011	0.025	0.051	0.068	0.106	0.135	0.287	0.383
90	0.022	0.036	0.066	0.079	0.125	0.147	0.317	0.394

由表 5-11 可知，在 EBCT 为 0.25h 时，反硝化深床滤池沿程水头损失均表现为随时间先缓慢增加再迅速上升的趋势，反冲洗周期为 16h 为宜。随着深床滤池自上而下深度的增加，填料被压实，密度增加，水头损失增加。

5.10　深度处理组合工艺长期稳定运行

本节考察同步除磷和去除有机物去除单元、深床滤池深度脱氮单元污染物连续去除特性，深度处理工艺试验进水为多级 AO 工艺的出水，同步除磷和去除有机物去除单元 HRT=0.5h，深床滤池 EBCT 为 0.25h，进水 C/N 比控制在 3.0~4.0。

图 5-36 为深度处理工艺对污染物的联合去除效果。由图 5-36（a）可知，调节除磷段出水 COD 以满足深床滤池进水 C/N 比 3.0~4.0，平均进水 COD 浓度为 48mg/L；经过深床滤池处理后，出水 COD 浓度为 19mg/L，满足高标准排放要求。

由图 5-36（b）、图 5-36（c）可知，当多级 AO 工艺出水平均 NH_4^+-N 和 TN 浓度为 1.74mg/L 和 13.33mg/L 时，经过除磷段后的出水浓度变化较小，平均出水 NH_4^+-N 和 TN 浓度为 1.31mg/L 和 11.98mg/L，这是因为混凝过程形成的吸附架桥作用导致部分含氮物质去除。经过深床滤池处理后，出水 NH_4^+-N 和 TN 浓度分别为 0.73mg/L 和 7.59mg/L，均满足高标准排放要求。

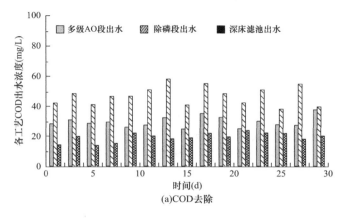

图 5-36　常温深度处理工艺污染物去除效果（一）

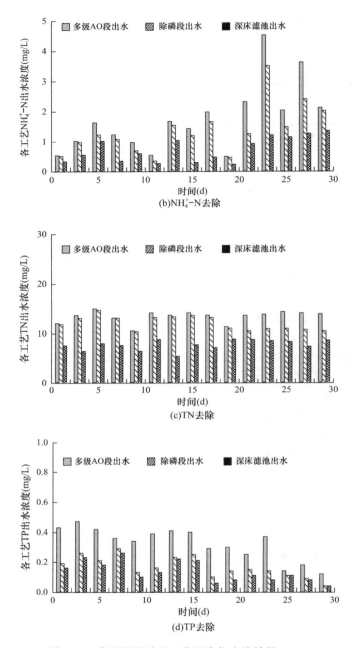

图 5-36　常温深度处理工艺污染物去除效果（二）

由图 5-36（d）可知，多级 AO 工艺出水 TP 平均浓度为 0.34mg/L，最低浓度为 0.14mg/L，出水水质无法稳定低于 0.3mg/L。经过化学除磷段后，平均出水 TP 浓度低至 0.18mg/L，且出水水质稳定。深床滤池对 TP 的去除效果较小，平均出水浓度为 0.14mg/L，仅部分悬浮含磷絮体被去除。综上所述，经过深度处理工艺处理后的出水 TP 浓度稳定低于 0.3mg/L，满足高标准排放要求。

5.11　多级 AO 深度处理组合工艺运行效能

本节中，多级 AO 工艺进水水温为 25~30℃，进水流量为 240L/d，HRT 为 10h，污泥回流比为 60%，进水 C/N 比为 5.0~6.0，采用两段混合液回流，两段回流分别为 50% 和 150%，缺氧/好氧容积比为 1∶1，进水分配比为 6∶4。同步除磷和去除有机物单元 HRT 为 0.5h，滤池 EBCT 为 0.25h。图 5-37 为多级 AO 深度处理组合工艺对污染物的去除效果。

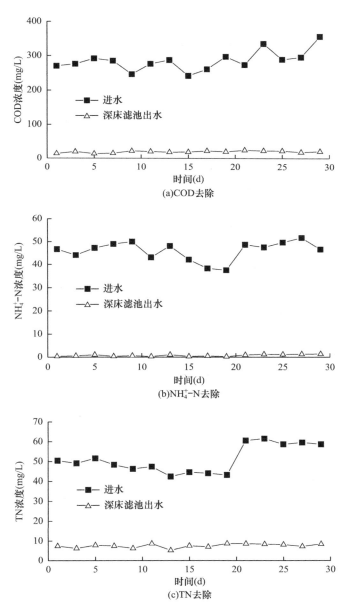

图 5-37　多级 AO 组合工艺各污染物去除效果（一）

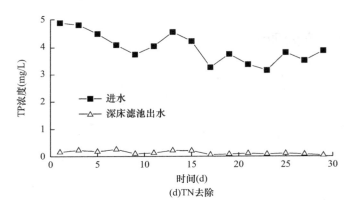

(d)TN去除

图 5-37　多级 AO 组合工艺各污染物去除效果（二）

由图 5-37 可知，多级 AO 工艺进水 COD 浓度为 250～350mg/L，利用甲醇作为碳源，调节深床滤池进水 COD 以满足深床滤池进水 C/N 比为 3.0～4.0，经过多级 AO 组合工艺处理后的平均出水 COD 浓度为 20mg/L，去除率高于 95%，满足高标准排放要求；出水平均 NH_4^+-N 和 TN 浓度为 0.75mg/L 和 7.50mg/L，表明多级 AO 深度处理组合工艺对 NH_4^+-N 和 TN 具有较好的去除效率，出水 TN 浓度稳定低于 10mg/L；多级 AO 深度处理组合工艺平均出水 TP 浓度为 0.15mg/L，出水 TP 浓度稳定低于 0.3mg/L，满足高标准排放要求。

5.12　成本分析

本节考察三种不同深度处理方式运行成本，包括：本工艺（$Fe^{2+}/S_2O_8^{2-}$ 同步除磷去除有机物＋深床滤池）、工艺 A（PAC 除磷＋O_3 去除有机物＋深床滤池）、工艺 B（Fe^{3+} 除磷＋O_3 去除有机物＋深床滤池）。深度处理工艺运行成本分析如表 5-12 所示。

深度处理工艺运行成本分析（元/t）　　　　　　　　表 5-12

项目	本工艺	工艺 A	工艺 B
电费	0.066	0.066	0.066
除磷药剂费	0.020	0.060	0.048
有机物去除药剂费	0.076	0.030	0.030
污泥处置费	0.004	0.014	0.008
碳源药剂费	0.063	0.063	0.063
总计	0.229	0.233	0.215

其中，深度处理增加的运行费用主要包括：电费、药剂费用、污泥处置费用。按照电价 0.75 元/（kW·h），污泥运输及处置费 200 元/t，甲醇（99.9%）单价 2100 元/t 计算。本研究所用药剂：除磷药剂 $FeSO_4·7H_2O$（98%）180 元/t，NaS_2O_8（99%）5000 元/t；工艺 A：除磷药剂 PAC（30%）2000 元/t，O_3 投加量按照 0.2～0.3mg/mg COD，每度电产生的 O_3 量为 150g 计算；工艺 B：$FeCl_3$（60%）1200 元/t。本工艺的电费消耗包括：提升、搅拌、反冲洗（气洗、水洗）、加药等；工艺 A 和工艺 B 的电耗增加生产臭

氧环节。产泥量按照无杂质除磷药剂试验结果为 20mg/L 计算。

通过比较三种提标改造工艺的运行成本，运行成本均在二级处理的基础上提高 0.2 元/t 左右，且三者成本差别较小。但本工艺与工艺 A 和工艺 B 相比节约有机物去除构筑物，基建成本降低，具有应用推广优势。

5.13　中试研究

基于中试规模的组合工艺稳定运行包含两部分，第 I 阶段考察多级 AO 工艺的污染物运行效果（58d），第 II 阶段为多级 AO 组合工艺的运行效果（30d）。中试试验在某污水处理厂开展，原水取自污水处理厂格栅后经过中间沉淀池进行预沉后的污水进入多级 AO 工艺，水质指标如表 5-13 所示。

<table>
<tr><td colspan="7" align="center">中试进水水质特征</td><td align="right">表 5-13</td></tr>
<tr><td>水质</td><td>COD
(mg/L)</td><td>TP
(mg/L)</td><td>TN
(mg/L)</td><td>NH_4^+-N
(mg/L)</td><td>NO_3^--N
(mg/L)</td><td colspan="2">pH</td></tr>
<tr><td>范围</td><td>240~820</td><td>2.5~8</td><td>40~80</td><td>40~75</td><td>0~5</td><td colspan="2">6~8</td></tr>
</table>

5.13.1　COD 去除效果

多级 AO 组合工艺中试规模 COD 去除效果如图 5-38 所示。由图 5-38 可知，在第 I 阶段，进水平均 COD 浓度为 453mg/L，出水平均浓度为 35mg/L，去除率达 92.01%。在第 II 阶段增加了深度脱氮除磷工艺，出水平均 COD 浓度为 20mg/L，去除率达 92.78%，去除效果明显改善。这表明，采用深度脱氮除磷工艺可有效降低出水的 COD 浓度，出水满足高标准排放要求。

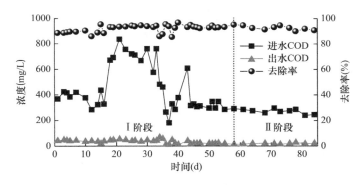

图 5-38　多级 AO 组合工艺中试规模 COD 去除效果

为揭示 COD 在组合工艺的去除特性，不同工艺单元 COD 的去除效果如图 5-39 所示，由图 5-39 可知，随着功能单元的递进，污染物浓度呈下降趋势。在厌氧区，COD 浓度下降幅度最大，从 436mg/L 降低到 152mg/L，多级 AO 工艺出水为 32mg/L；经过化学除磷单元后，COD 浓度降低至 17mg/L；深床滤池补加碳源至 40mg/L 后，出水 COD 浓度为 20mg/L。COD 在组合工艺总的去除量为 12.33kg/d，其中主要去除单位为厌氧区、第一级 AO 单元和第二好氧区，其去除量分别为 4.10kg/d、2.04kg/d、1.70kg/d 和 2.00kg/d。COD 在化学除磷单元发生高级氧化去除，大分子有机物降解为小分子有机物，甚至发生矿化，其去除量为

0.75kg/d。在深床滤池补加碳源供微生物反硝化，COD 在该单元去除量提高至 1kg/d。

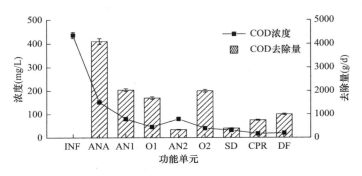

图 5-39　各功能单元 COD 去除效果

5.13.2　脱氮效果

图 5-40 为多级 AO 工艺和其组合工艺的中试规模脱氮效果。图 5-40（a）为 NH_4^+-N 的去除效果，由图 5-40（a）可知，在第 I 阶段，进水平均 NH_4^+-N 浓度为 44.30mg/L，出水平均浓度为 2.24mg/L，去除率达 94.87%，满足一级 A 的排放要求。在第 II 阶段增加了深度脱氮除磷工艺，出水平均 NH_4^+-N 浓度为 0.51mg/L，去除率达 98.88%，出水浓度极低。这表明，采用深度脱氮工艺对 NH_4^+-N 具有一定的去除效果。图 5-40（b）为

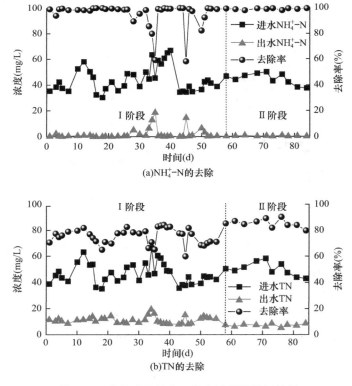

图 5-40　多级 AO 组合工艺中试规模脱氮效果

TN 的去除效果，由图 5-40（b）可知，在第 I 阶段，进水平均 TN 浓度为 46.70mg/L，出水浓度发生明显的波动，平均出水浓度为 11.38mg/L，去除率仅为 75.19%，能够满足一级 A 的排放要求。第 II 阶段为多级 AO 工艺的组合工艺，出水平均 TN 浓度为 7.27mg/L，去除提高至 85.29%，出水浓度可达到高标准排放要求。由此可见，采用反硝化深床滤池作为深度脱氮处理方法是可行的，且去除效果稳定。

图 5-41 为多级 AO 组合工艺各功能单元脱氮效果，由图 5-41 可知，各功能单元对 NH_4^+-N 和 TN 的去除规律不同。多级 AO 组合工艺各功能单元去除 NH_4^+-N 的效果如图 5-41（a）所示，NH_4^+-N 浓度随着工艺单元的递进呈降低趋势，且在组合工艺总的去除量达到 1.29kg/d。NH_4^+-N 浓度在厌氧区快速下降，从 46.06mg/L 降低到 8.43mg/L，去除量达到 0.73kg/d。在厌氧阶段，中试规模 NH_4^+-N 去除量比小试规模明显增加。在第一级 AO 单元和第二好氧区，NH_4^+-N 的去除量仅次于厌氧区，其去除量分别为 0.17kg/d、0.12kg/d 和 0.20kg/d。而深度除磷脱氮工艺对 NH_4^+-N 的去除影响较小。

图 5-41（b）为多级 AO 组合工艺各功能单元 TN 去除效果，由图 5-41（b）可知，TN 浓度随工艺单元延长呈缓慢平稳降低的趋势。在厌氧区，TN 浓度从 53.73mg/L 降低到 24.36mg/L，去除量为 0.47kg/d；在第一缺氧区后，TN 浓度变化较小，且 2 个缺氧区 TN 去除量较高，分别为 0.26kg/d 和 0.17kg/d；在 2 个好氧区，TN 去除量均为 0.07 kg/d。该规律与小试试验的规律相似，均出现明显的好氧反硝化现象。在深度处理阶段，化学除磷阶段对 TN 的去除无影响；而反硝化深床滤池 TN 的去除量达到 1.0kg/d，表明反硝化深床滤池对 TN 去除效果较好，出水满足高标准排放要求。

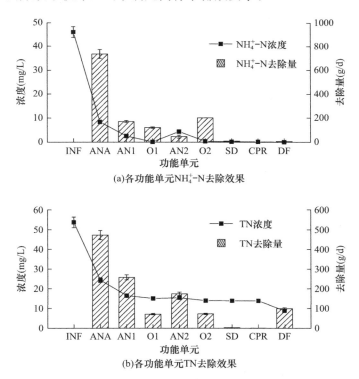

(a)各功能单元NH_4^+-N去除效果

(b)各功能单元TN去除效果

图 5-41　多级 AO 组合工艺各功能单元脱氮效果

5.13.3 TP 去除效果

图 5-42 为多级 AO 工艺和其组合工艺的中试规模除磷效果。由图 5-42 可知，多级 AO 工艺及组合工艺对 TP 的去除效果稳定。在整个运行周期内，进水平均 TP 浓度为 4.59mg/L，在第 I 阶段单独采用多级 AO 工艺，出水平均 TP 浓度为 0.34mg/L，接近高标准排放要求。在第 II 阶段采用深度除磷工艺后，出水平均 TP 浓度为 0.16mg/L，表明深度除磷工艺作为多级 AO 工艺高排放标准的强化工艺是可行的。

图 5-43 为多级 AO 组合工艺各功能单元除磷效果，由图 5-43 可知，TP 浓度在厌氧区出现磷释放现象，浓度从 4.30mg/L 提高到 5.79mg/L，且在该过程的生成量为 0.17kg/d。TP 的去除主要出现在第一级 AO 单元，在两个单元浓度分别降低至 2.34mg/L 和 0.25mg/L，其去除量为 0.09kg/d 和 0.10kg/d。而在第二级 AO 单元 TP 的去除量较小，这与小试研究的结果是一致的。小试研究发现的第一级缺氧区存在反硝化除磷现象，在中试规模的研究结果中也得出了相同的结论。

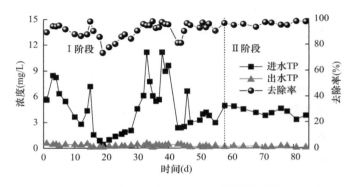

图 5-42　多级 AO 组合工艺中试规模除磷效果

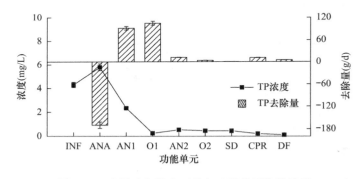

图 5-43　多级 AO 组合工艺各功能单元除磷效果

5.14　本章小结

为实现多级 AO 工艺出水稳定满足更高地方标准要求，本章首先考察了多级 AO 工艺的污染物去除特性，然后建立同步去除有机物和磷的 $Fe^{2+}/S_2O_8^{2-}$ 体系和深床滤池深度处理工艺，对多级 AO 工艺进行提标改造。对 $Fe^{2+}/S_2O_8^{2-}$ 体系的影响因素进行研究，并揭示其污染物去除机理；探讨反硝化深床滤池脱氮特性，优化各运行参数；在此基础上，采用小试规模试验，研究多级 AO 组合工艺稳定运行特性和深度处理成本；最后，研究中试规模下多级 AO 组合工艺稳定运行效能。本章获得的主要结论如下：

（1）多级 AO 工艺启动时间为 30d 左右，稳定运行出水可稳定达到一级 A 排放要求。污染物主要在第一级 AO 单元去除，且两个好氧区和缺氧区的 DO 和 ORP 存在差异。

（2）根据工艺单元污染物去除特性分析，工艺以自养硝化和异养反硝化为主要脱氮过程，同时具有异氧硝化作用、好氧反硝化作用和反硝化除磷作用。在除磷过程中，反硝化除磷占 53.65%，反硝化聚磷菌占聚磷菌的 50%。

（3）$Fe^{2+}/S_2O_8^{2-}$ 体系可有效地去除二级出水中的 TP 和 TOC，反应符合一级动力学方程。Fe^{2+} 和 $S_2O_8^{2-}$ 投加量的增加可提高体系对 TP 和 TOC 的去除效果，最佳的 Fe^{2+}/P 比为 4，$S_2O_8^{2-}/Fe^{2+}$ 比为 2.5，出水 TP 和 TOC 低于 0.3mg/L 和 6mg/L。随着 $S_2O_8^{2-}/Fe^{2+}$ 摩尔比的增加，不同初始浓度 TP 和 TOC 去除效率均提高，去除效率差别较小。温度提高可促进体系对 TP 和 TOC 的去除。

（4）二级出水 $Fe^{2+}/S_2O_8^{2-}$ 体系化学除磷沉淀物主要成分为 $Fe_4(PO_4)_3(OH)_3$，沉积物聚集、紧密、粗糙。经过 $Fe^{2+}/S_2O_8^{2-}$ 体系降解后，二级出水中蛋白质类等大分子有机物化合物被降解。

（5）反硝化深床滤池最优的碳源为甲醇，最佳的 C/N 比为 3.0～4.0，EBCT 为 0.25h，反冲洗周期为 16h。

（6）小试规模下，多级 AO 深度处理组合工艺可稳定实现出水 COD≤30mg/L、TN≤10mg/L、TP≤0.3mg/L 的排放要求，深度处理成本增加 0.229 元/t。

（7）中试试验研究结果表明，多级 AO 组合工艺出水 COD、TN 和 TP 浓度稳定低于 30mg/L、10mg/L 和 0.3mg/L，满足排放要求。

结　论

目前，将污水处理与其他功能复合，建设城市地下污水处理综合体的研究开始出现。为了完善其空间模式并提高空间品质，本书对城市地下污水处理综合体的空间模式和设计策略进行研究，并针对地下污水处理厂的污水处理工艺提标改造问题进行相关研究，得出以下结论：

（1）提出了城市地下污水处理综合体的概念。笔者通过大量的文献阅读，归纳总结与其相关的城市地下空间、地下式污水处理厂、地下城市综合体、生态综合体的概念，并以此为基础，结合城市地下污水处理综合体功能的特殊性提出概念。

（2）建构了城市地下污水处理综合体的空间模式。通过文献阅读和案例分析总结城市地下污水处理综合体的建设现状，同时对环境工程领域、建筑设计领域的专家和地下式污水处理厂的工作人员进行访谈，提出空间模式的影响要素。在此基础上，确定构成城市地下污水处理综合体空间模式的三种构成要素，并明确每种构成要素的组成和特征。最后根据功能类型建构游憩服务型、商业服务型、市政交通型三种空间模式，并按照建构逻辑阐述每种空间模式的特点。

（3）提出了城市地下污水处理综合体的设计策略。前文明确了城市地下污水处理综合体空间模式的三种构成要素，结合构成要素的特征，提出相应的设计原则。采用实地调研和案例分析的方法，总结已建成的城市地下污水处理综合体的具体设计手法，同时借鉴商业综合体、交通枢纽等工程的成功经验，提出周边衔接顺畅化、功能构成人性化、空间组织系统化三个针对城市地下污水处理综合体的设计策略。在周边衔接顺畅化设计、空间组织系统化设计方面，不同空间模式的污水处理综合体差异较大，针对不同空间模式分别提出不同的具体措施。而在功能构成人性化设计方面，不同空间模式的污水处理综合体差异较小，针对不同的功能类型和设施种类提出相应的设计策略。

（4）建立了同步去除有机物和磷的 $Fe^{2+}/S_2O_8^{2-}$ 体系和深床滤池深度处理工艺，对多级 AO 工艺进行提标改造。结果表明，Fe^{2+}/P 比为 4，$S_2O_8^{2-}/Fe^{2+}$ 比为 2.5，出水 TP 和 TOC 可稳定低于 0.3mg/L 和 6mg/L；反硝化深床滤池最优的碳源为甲醇，最佳的 C/N 比为 3.0～4.0，EBCT 为 0.25h，反冲洗周期为 16h。小试和中试试验研究表明，多级 AO 组合工艺出水 COD、TN 和 TP 浓度稳定低于 30mg/L、10mg/L 和 0.3mg/L，满足排放要求。

本书仍存在一些不足。由于城市地下污水处理综合体属于新兴事物，已投入使用的实践工程数量有限，空间模式较为单一，无法对其运行现状进行全面的评估。在以后的相关研究中，应加强对城市地下污水处理综合体使用情况的评价。

参 考 文 献

[1] 钱七虎，等．地下空间科学开发与利用［M］．南京：江苏科学技术出版社，2007：98.

[2] 中华人民共和国住房和城乡建设部．JGJ/T 335—2014 城市地下空间利用基本术语标准［S］．北京：中国建筑工业出版社，2014：2.

[3] 邱维．我国地下污水处理厂建设现状及展望［J］．中国给水排水，2017，33（6）：18-26.

[4] 童林旭．地下空间与城市现代化发展［M］．北京：中国建筑工业出版社，2005：65.

[5] 郑怀德．基于城市视角的地下城市综合体设计研究［D］．广州：华南理工大学，2012：35-36，118.

[6] 吴思．2030 年的中国城市化［J］．中国经济报告，2014（7）：93-98.

[7] 侯锋，王凯军，曹效鑫，等．《地下式城镇污水处理厂工程技术指南》解读［J］．中国环保产业，2020，（1）：20-25.

[8] WOUT BROERE. Urban underground space：solving the problems of today's cities［J］. Tunnelling and Underground Space Technology，2016，55：245-248.

[9] HUNT D V L，MAKANA L O，JEFFERSON I，et al. Liveable cities and urban underground space ［J］. Tunnelling and Underground Space Technology，2016，55：8-20.

[10] KISHII T. Utilization of underground space in Japan［J］. Tunnelling and Underground Space Technology，2016，55：320-323.

[11] VON DER TANN L，STERLING R，ZHOU Y，et al. Systems approaches to urban underground space planning and management-a review［J］. Underground Space，2020，5（2）：144-166.

[12] JACQUES BESNER. Cities think underground-underground space（also）for people［J］. Procedia Engineering，2017，209：49-55.

[13] SWAMIDURAI S. Evaluation of people's willingness to use underground space using structural equation modeling-case of phoenix market city mall in chennai city，India［J］. Tunnelling and Underground Space Technology，2019，91：103012.

[14] ZHI LONG CHEN，JIA YUN CHEN，HONG LIU，et al. Present Status and Development Trends of Underground Space in Chinese Cities：Evaluation and Analysis［J］. Tunnelling and Underground Space Technology，2018，71：253-270.

[15] 彭建兵，朱合华，李晓昭．新时期城市地下空间的中国解决方案［J］．地学前缘，2019，（3）：1-2.

[16] 程光华，王睿，赵牧华，等．国内城市地下空间开发利用现状与发展趋势［J］．地学前缘，2019，26（3）：39-47.

[17] TAN Z，ROBERTS A C，CHRISTOPOULOS G I，et al. Working in underground spaces：architectural parameters，perceptions and thermal comfort Measurements［J］. Tunnelling and Underground Space Technology，2018，71：428-439.

[18] 王睿，李晓昭，王家琛．地下空间工作人群的心理环境影响要素研究［J］．地下空间与工程学报，2019，15（1）：1-8.

[19] 熊朝辉，周兵，何丛．武汉光谷广场地下交通综合体设计创新与思考［J］．隧道建设（中英文），2019，39（9）：1471-1479.

[20] 罗婧，张炜，胡志平，等．浅析城市地下空间室内环境特点及设计思路：以西安赛格国际购物中心为例［J］．地学前缘，2019（3）：147-153.

[21] 饶传富，毛宇，熊小林，等. 从城市地下综合管廊到新区地下市政综合体建设的思考 [J]. 给水排水，2019，45（5）：119-123.

[22] YAN HE，YISHUANG ZHU，JINGHAN CHEN，et al. Assessment of land occupation of municipal wastewater treatment plants in China [J]. Environmental Science：Water Research & Technology，2018，4（12）：1988-1996.

[23] MEISHU WANG，HUI GONG. Not-in-my-backyard：legislation requirements and economic analysis for developing underground wastewater treatment plant in China [J]. International Journal of Environmental Research and Public Health，2018，15（11）：2339.

[24] 李晓昭，王睿，顾倩，等. 城市地下空间开发的战略需求 [J]. 地学前缘，2019，（3）：32-38.

[25] 邱维. 地下污水处理厂的适应性探讨 [J]. 中国给水排水，2017，33（8）：26-31.

[26] 李亮，胡文慧，刘武平. 某地下式污水处理厂地下空间消防设计与探究 [J]. 净水技术，2019，38（5）：34-40.

[27] 林培真，宋旭，祝雅杰，等. 地下污水处理厂除臭工程设计问题探讨 [J]. 中国给水排水，2018，34（16）：50-54.

[28] 刘旭，孙世昌，李咏红，等. 地下式污水处理厂景观设计探讨与实例分析 [J]. 城镇给水排水，2017，43（1）：9-14.

[29] 张明杰，周建忠，杨斌，等. 地下式污水处理厂与商场、公交站相结合的地下综合利用工程 [J]. 中国给水排水，2016，32（22）：68-72.

[30] 侯锋，王凯军，邵彦青，等. 北京碧水下沉式再生水厂升级改造及生态综合体建设 [J]. 中国给水排水，2017，33（10）：54-58.

[31] 高虹，王志. 城市污水处理技术研究 [J]. 环境科学与管理，2017，42（4）：100-105.

[32] 胡巍. 上海嘉定南翔下沉式污水处理厂：环境友好、土地集约、资源利用 [J]. 中国经济周刊，2017（35）：69-71.

[33] 孙利萍，李晓昭，周丹坤，等. 地下空间开发与社会经济指标的相关性研究 [J]. 地下空间与工程学报，2018，14（4）：859-868，880.

[34] 王永金，崔立波，武绍云，等. 南明河流域治理中污水处理厂布局与建设模式探讨 [J]. 中国给水排水，2020，36（6）：7-13.

[35] 李亮，胡文慧，刘武平. 某地下式污水处理厂地下空间消防设计与探究 [J]. 净水技术，2019，38（5）：34-40.

[36] 赵颖. 以游憩需求为导向的北京市城市公园环功能提升与规划优化研究 [D]. 北京：北京林业大学，2019：60-78.

[37] XU Z，DAI X，CHAI X. Effect of different carbon sources on denitrification performance，microbial community structure and denitrification genes [J]. Science of the Total Environment，2018，634：195-204.

[38] WALCZAK J，ZUBROWSKA-SUDOL M. The rate of denitrification using hydrodynamically disintegrated excess sludge as an organic carbon source [J]. Water Science and Technology，2018，77（9）：2165-2173.

[39] 孔令为，邵卫伟，梅荣武，等. 浙江省城镇污水处理厂尾水人工湿地深度提标研究 [J]. 中国给水排水，2019，35（02）：39-43.

[40] SILVEIRA E O，MOURA D，RIEGER A，et al. Performance of an integrated system combining microalgae and vertical flow constructed wetlands for urban wastewater treatment [J]. Environmental Science and Pollution Research，2017，24（25）：20469-20478.

[41] QUIJANO G，ARCILA J S，BUITRON G. Microalgal-bacterial aggregates：applications and perspec-

tives for wastewater treatment [J]. Biotechnology Advances, 2017, 35 (6): 772-781.

[42] MUJTABA G, RIZWAN M, LEE K. Removal of nutrients and COD from wastewater using symbiotic co-culture of bacterium pseudomonas putida and immobilized microalga chlorella vulgaris [J]. Journal of Industrial and Engineering Chemistry, 2017, 49: 145-151.

[43] MUJTABA G, LEE K. Treatment of real wastewater using co-culture of immobilized chlorella vulgaris and suspended activated sludge [J]. Water Research, 2017, 120: 174-184.

[44] JI X, JIANG M, ZHANG J, et al. The interactions of algae-bacteria symbiotic system and its effects on nutrients removal from synthetic wastewater [J]. Bioresource Technology, 2018, 247: 44-50.

[45] 江荻, 陆少鸣, 端艳, 等. 微絮凝/膨胀床反硝化滤池处理污水处理厂尾水试验研究 [J]. 环境保护科学, 2018, 44 (5): 42-46.

[46] 刘建威, 叶昌明. 后置反硝化生物滤池用于某市政污水处理厂提标改造 [J]. 中国给水排水, 2018, 34 (8): 76-79.

[47] ZHENG X, ZHANG S, ZHANG J, et al. Advanced nitrogen removal from municipal wastewater treatment plant secondary effluent using a deep bed denitrification filter [J]. Water Science and Technology, 2018, 77 (11): 2723-2732.

[48] PELAZ L, GOMEZ A, GARRALON G, et al. Recirculation of gas emissions to achieve advanced denitrification of the effluent from the anaerobic treatment of domestic wastewater [J]. Bioresource Technology, 2018, 250: 758-763.

[49] 刘佳, 刘冰冰, 韩梅, 等. 过硫酸钠氧化硫酸亚铁去除水中磷的实验研究 [J]. 科学技术与工程, 2018, 18 (22): 308-311.

[50] NILSSON R H, ANSLAN S, BAHRAM M, et al. Mycobiome diversity: high-throughput sequencing and identification of fungi [J]. Nature Reviews Microbiology, 2019, 17 (2): 95-109.

[51] WASEEM H, JAMEEL S, ALI J, et al. Contributions and challenges of high throughput qPCR for determining antimicrobial resistance in the environment: A Critical Review [J]. Molecules, 2019, 24 (1631).

[52] LIU J, TIAN Z, ZHANG P, et al. Influence of reflux ratio on two-stage anoxic/oxic with MBR for leachate treatment: performance and microbial community structure [J]. Bioresource Technology, 2018, 256: 69-76.

[53] SUN F, FAN L, WANG Y, et al. Metagenomic analysis of the inhibitory effect of chromium on microbial communities and removal efficiency in A (2) O sludge [J]. Journal of Hazardous Materials, 2019, 368: 523-529.

[54] HUANG X, DONG W, WANG H, et al. Role of acid/alkali-treatment in primary sludge anaerobic fermentation: insights into microbial community structure, functional shifts and metabolic output by high-throughput sequencing [J]. Bioresource Technology, 2018, 249: 943-952.

[55] MANU D S, THALLA A K. The combined effects of carbon/nitrogen ratio, suspended biomass, hydraulic retention time and dissolved oxygen on nutrient removal in a laboratory-scale anaerobic-anoxic-oxic activated sludge biofilm reactor [J]. Water Science and Technology, 2018, 77 (1): 248-259.

[56] 冉治霖, 田文德, 相会强. 一种改良型 A^2O 工艺脱氮除磷的影响因素研究 [J]. 环境工程, 2018 (6): 63-67.

[57] ZHANG J, BLIGH M W, LIANG P, et al. Phosphorus removal by in situ generated Fe (II): efficacy, kinetics and mechanism [J]. Water Research, 2018, 136: 120-130.

[58] CHEN M, CHEN Y, DONG S, et al. Mixed nitrifying bacteria culture under different temperature

dropping strategies: nitrification performance, activity, and community [J] . Chemosphere, 2018, 195: 800-809.

[59] WEN X, GONG B, ZHOU J, et al. Efficient simultaneous partial nitrification, anammox and denitrification (SNAD) system equipped with a real-time dissolved oxygen (DO) intelligent control system and microbial community shifts of different substrate concentrations [J] . Water Research, 2017, 119: 201-211.

[60] ZHAO W, WANG M, LI J, et al. Optimization of denitrifying phosphorus removal in a pre-denitrification anaerobic/anoxic/post-aeration plus nitrification sequence batch reactor (pre-A^{2}NSBR) system: nitrate recycling, carbon/nitrogen ratio and carbon source type [J] . Frontiers of Environmental Science & Engineering, 2018, 12 (85) .

[61] 何嘉鹏. 多点进水 OAO 工艺模拟城镇生活污水处理的生物特性研究 [D]. 郑州: 郑州大学, 2018: 75.

[62] REMMAS N, MELIDIS P, ZERVA I, et al. Dominance of candidate saccharibacteria in a membrane bioreactor treating medium age landfill leachate: effects of organic load on microbial communities, hydrolytic potential and extracellular polymeric substances [J] . Bioresource Technology, 2017, 238: 48-56.

[63] XING W, LI J, LI P, et al. Effects of residual organics in municipal wastewater on hydrogenotrophic denitrifying microbial communities [J] . Journal of Environmental Sciences, 2018, 65: 262-270.

[64] YANG R, GUAN Y, ZHOU J, et al. Phytochemicals from camellia nitidissima chi flowers reduce the pyocyanin production and motility of pseudomonas aeruginosa PAO1. [J] . Frontiers in Microbiology, 2017, 8: 2640.

[65] RANI S, KOH H, RHEE S, et al. Detection and diversity of the nitrite oxidoreductase alpha subunit (nxrA) gene of nitrospina in marine sediments [J] . Microbial Ecology, 2017, 73 (1): 111-122.

[66] GUI M, CHEN Q, MA T, et al. Effects of heavy metals on aerobic denitrification by strain pseudomonas stutzeri PCN-1 [J] . Applied Microbiology and Biotechnology, 2017, 101 (4): 1717-1727.

[67] RISSANEN A J, OJALA A, FRED T, et al. Methylophilaceae and hyphomicrobium as target taxonomic groups in monitoring the function of methanol-fed denitrification biofilters in municipal wastewater treatment plants [J] . Journal of Industrial Microbiology & Biotechnology, 2017, 44 (1): 35-47.

[68] YANG Z, YANG L, WEI C, et al. Enhanced nitrogen removal using solid carbon source in constructed wetland with limited aeration [J] . Bioresource Technology, 2018, 248 (B): 98-103.

[69] TRAVING S J, ROWE O, JAKOBSEN N M, et al. The effect of increased loads of dissolved organic matter on estuarine microbial community composition and function [J] . Frontiers in Microbiology, 2017, 8 (351): 1-15.

[70] HUANG X, DONG W, WANG H, et al. Role of acid/alkali-treatment in primary sludge anaerobic fermentation: insights into microbial community structure, functional shifts and metabolic output by high-throughput sequencing [J] . Bioresource Technology, 2018, 249: 943-952.